全国学前教育专业
"十三五"规划教材

学前儿童
发展心理学

视频指导版

◎ 李艳玲 王美娜 主编

◎ 范喜明 戎计双 魏姗 副主编

人民邮电出版社

北 京

图书在版编目（CIP）数据

学前儿童发展心理学：视频指导版 / 李艳玲，王美娜主编. -- 北京：人民邮电出版社，2019.4（2023.2重印）
全国学前教育专业"十三五"规划教材
ISBN 978-7-115-50081-6

Ⅰ. ①学… Ⅱ. ①李… ②王… Ⅲ. ①学前儿童－儿童心理学－发展心理学－幼儿师范学校－教材 Ⅳ.
①B844.12

中国版本图书馆CIP数据核字(2018)第251365号

内 容 提 要

本书以学前儿童心理发展的基础知识和基本理论为主线，力求全面呈现学前儿童心理发展的规律和特点，帮助读者形成正确的儿童观、教育观。与此同时，本书结合幼儿园教师资格考试中关于"学前儿童发展"的考点要求编写。全书共 10 章，内容包括学前儿童发展心理学的研究对象及相关理论、学前儿童感觉和知觉的发展、学前儿童注意的发展、学前儿童记忆的发展、学前儿童想象的发展、学前儿童思维的发展、学前儿童言语的发展、学前儿童情绪和情感的发展、学前儿童个性的发展、学前儿童社会性的发展。

本书适合作为高职高专学前教育专业学生的教材，同时也适合作为幼儿园教师资格考试的辅导资料，还可供幼儿园教师及对学前教育感兴趣的社会人士参考之用。

- ◆ 主　　编　李艳玲　王美娜
　　副 主 编　范喜明　戎计双　魏　姗
　　责任编辑　朱海昀
　　责任印制　马振武
- ◆ 人民邮电出版社出版发行　　北京市丰台区成寿寺路 11 号
　　邮编 100164　电子邮件 315@ptpress.com.cn
　　网址 http://www.ptpress.com.cn
　　固安县铭成印刷有限公司印刷
- ◆ 开本：787×1092　1/16
　　印张：11.5　　　　　　　　　2019 年 4 月第 1 版
　　字数：239 千字　　　　　　2023 年 2 月河北第 9 次印刷

定价：39.80 元

读者服务热线：(010)81055256　印装质量热线：(010)81055316
反盗版热线：(010)81055315
广告经营许可证：京东市监广登字20170147号

P 前言
PREFACE

学前儿童发展心理学是学前教育专业学生的专业理论课程，也是幼儿园教师资格考试的重要内容。对于学前教育专业的学生而言，学习这方面的知识对于他们提高理论素养，提升教育实践能力，将来更好地从事幼儿教育工作有重要的意义。

目前，适用于高职高专学生的学前儿童发展心理学的教材比较少。本书专门针对高职高专学前教育专业的学生编写。全书共10章，分别介绍了学前儿童发展心理学的研究对象和相关理论，以及学前儿童感觉和知觉、注意、记忆、想象、思维、言语、情绪和情感、个性、社会性的发展。每章包括学习目标、学习重点和难点、引入案例、知识讲解、本章小结、思考与练习等内容。本书的具体特点如下。

1. 理论和实践紧密结合

本书一方面突出了基础性的特点，各章内容以学前儿童心理发展的基础知识和基本理论为主线，力求全面呈现学前儿童心理发展的规律和特点；另一方面，突出了实践性的特点，书中通过大量案例，将学前儿童心理发展的理论问题融入教育实践之中，强化学生应用能力的培养。本书既能满足学生在校学习的需要，又对学生今后的工作实践有很强的指导性。

2. 兼顾教学和考证的需要

为了兼顾学生参加教师资格考试的复习需要，每章加入了大量的习题及幼儿园教师资格考试保教知识的历年真题，供学生练习。

3. 配套微课，资源丰富

本书结合知识的重点和难点，以二维码的形式插入了配套的微课视频，读者可以通过手机等移动端扫码观看学习。此外，本书还附赠PPT课件、教案、习题答案等教学资源，读者可以登录人邮教育社区（www.ryjiaoyu.com）免费下载使用。

本书由唐山幼儿师范高等专科学校的李艳玲、王美娜担任主编，由范喜明、戎计双、魏姗担任副主编。具体编写分工如下：李艳玲担任整本书的统筹工作，第一章、第六章、第八章由李艳玲编写，第三章和第七章由王美娜编写，第二章和第四章由范喜明编写，第五章和第十章由戎计双编写，第九章由魏姗编写。编写团队的成员在编写过程中得到了多位同事及朋友的帮助，在此一并致谢。需要说明的是，学前儿童指0～6岁的儿童。本书在介绍具体知识时，会按照0～3岁（早期教育的启蒙阶段），3～6岁（儿童上幼儿园的时期）两个年龄段具体分述。并且，由于出生后第1年的儿童被称为婴儿，1～6岁的儿童被称为幼儿。故本书中在特指0～3岁这个年龄段的儿童时称为"0～3岁婴幼儿"；在特指3～6岁这个年龄段的儿童时称为"3～6岁幼儿"；除此之外称为学前儿童。

由于编者水平有限，疏漏之处在所难免，恳请广大读者批评指正。

编者
2018年11月

目录
CONTENTS

第一章

绪论

【学习目标】

1. 明确学前儿童发展心理学的研究对象
2. 掌握学前儿童发展心理学的研究方法
3. 理解学习学前儿童发展心理学的意义

【学习重点和难点】

重点：学前儿童发展心理学的研究对象

难点：学前儿童发展心理学的基本理论

【引入案例】

我们总是惊讶于生活中有的学前儿童大方、热情，有的学前儿童胆小、谨慎，有的学前儿童一丝不苟，有的学前儿童马马虎虎，殊不知这些就是学前儿童心理发展的独特体现。心理学与我们的生活、工作密切相关。随着社会的发展，心理学的发展日趋成熟，并逐步渗透到我们生活和工作的方方面面。学前时期是一个人心理发展的重要时期，学前儿童心理的发展具有独特性。接下来就让我们走进学前儿童的心理世界，探寻学前儿童心理发展的奥秘。

第一节 学前儿童发展心理学的研究内容和意义

学前儿童发展心理学是儿童心理学的一个分支，是构成幼儿教师完整知识结构的重要组成部分。学前儿童发展心理学主要研究学前儿童心理发展的特点、规律和相关理论，为学前儿童教育、保育等工作提供重要的心理学依据。

扫一扫1-1 学前儿童发展心理学的研究对象

一、心理学的研究对象

心理学是研究人和动物心理现象发生、发展和活动规律的一门科学。

（一）心理现象

心理现象是最普遍、人类最熟悉，也是宇宙间最复杂、最深奥的现象。事实上，只要我们活着，心理活动每时每刻都伴随着我们发生着作用。心理现象是个体心理活动或与他人交往时所表现出来的心理特征，其形式也是多种多样。心理学中将心理现象分为心理过程和个性两个方面。

1. 心理过程

心理过程包括认识过程、情感过程和意志过程。

认识过程是人脑反映客观现实的过程，它包括感觉、知觉、记忆、想象和思维等具体过程。例如，我们通过观察可以辨别物体的颜色、形状，通过触摸可以感受物体的粗、细、软、硬、冷、热的特点。人们对物体个别属性的认识是感觉，而对物体各种属性的总体认识则称为知觉。我们在头脑中可以记住事物的形象，并在需要时回忆起来，这就是记忆。在日常生活和艺术、科学活动中，我们还能根据感觉和知觉记忆提供的材料创造出新的形象，这就是想象。我们能够发现事物的本质属性，而且能够发现问题、解决问题，这些都是思维在起作用。

情感过程是指人在认识事物时产生的各种内心体验。人并不是漠然、无动于衷地来认识和操作事物的，人在认识事物和操作事物的过程中总会体验到自我对于这些事物所持有的态度。自我对于所认识和所操作的事物持有的态度的体验，就叫作情感。例如，我们经常体验到的喜爱、高兴、惧怕、焦虑、愤怒等都属于情感的范畴。

意志过程是指为了实现目的而进行的选择方法、执行计划的心理过程。人不仅能认识客观事物并对其采取一定的态度，而且还要通过行动有目的地改变事物。例如，我们在进行学习、体育锻炼、科学研究等活动中，都有明确的目的并努力地克服困难，这些都涉及意志品质的问题。

此外，在各种心理过程中，我们还可以观察到一种普遍性的心理特征——注意。要保证认识过程、情感过程和意志过程等心理过程的顺利进行，注意是必不可少的。注意是与其他心理现象相伴随的，注意也是心理现象的重要内容之一。

综上所述，人的各种心理现象都表现为一定的过程。认识过程、情感过程和意志过程都属于心理过程。

2. 个性

在一定的社会文化环境中，人的心理发展最终将形成个体稳定的精神面貌，也称为个性。个性是指一个人比较稳定的、具有一定倾向性的各种心理特点或品质的独特组合。

由于个人的先天素质不同，后天生活条件也不同，并接受不同的教育，参与不同的实践活动，久而久之形成了比较稳定且区别于他人的心理倾向和心理特点。我们绝对找不到两个在兴趣、爱好、才能、气质、性格等方面完全相同的人，原因也就在这里。

我们可以从以下三个方面理解个性的内涵。

（1）个性倾向性主要表现在需要、兴趣、理想和世界观、价值观等方面。例如，有人孜孜不倦地从事科学研究和技术革新，以寻求生活的意义；有人则从文学艺术中探求人生的价值。

（2）个性心理特征主要表现在能力、气质、性格等方面。例如，有的人善于观察事物，有的人则善于分析、思考问题，这些是个人在能力上的差异。有的人性情温和，有的人脾气暴躁，有的人成熟、稳重，有的人大胆、泼辣，这些是人们在气质上的不同表现。人们性格上的差异则可以在自信和自卑、谦虚和骄傲等许多方面表现出来。

（3）自我意识反映人对自己和自己心理的认识、评价、体验、调节等。

（二）心理的实质

我们已经知道，心理学的研究对象是人的心理现象，因此搞清心理现象的实质尤为重要。人的心理现象的实质究竟是什么呢？经过长时间的研究我们发现，心理现象的实质就是人脑对客观现实的反映，具体体现在以下三个方面。

1. 心理活动是人脑的机能

脑是神经系统的重要组成部分，是一个结构复杂的器官，由延髓、桥脑、中脑、间脑、小脑和大脑组成。其中最发达的部分是大脑。

心理活动是由大脑的活动而产生的。大脑的机能是接收、分析、综合、储存和提取各种信息。机体的所有感觉器官接收到的来自外界和机体内部的刺激信息，由神经传入大脑，经过大脑皮层的加工之后，大脑发出信息，控制各器官和各系统的活动。各器官和各系统的活动状况又会随时被报告给大脑，以便大脑进一步调整、修改信息，进而调节各器官和各系统的活动。

脑医学研究发现，一些人的脑部受伤或者发生病变后，他们的心理活动便出现异常，比如不能思考、记不住东西等。可见，心理活动与大脑有着紧密的联系。

学前儿童的大脑正处在发育阶段，需要充足的营养，这是学前儿童心理正常发展的物质基础。

2. 客观现实是心理产生的源泉

心理是人脑的机能，但并不是说有了人脑就有了心理现象。只有客观现实作用于人脑时，人才能形成对外界的印象，产生心理。脱离了客观现实，心理就成了无源之水、无本之木。客观现实，无论是自然环境还是社会环境，都是人的心理源。但相比较而言，社会环境比自然环境对人心理影响更大一些。人们的兴趣、需要、信念、价值观、道德观、自我意识、能力、性格和个性的形成和发展，都是人们所处社会环境影响的结果。

例如，幼儿园较大的活动范围和丰富多彩的事物，有助于丰富学前儿童心理活动内容。由于学前儿童正处在心理发展过程中，分辨能力较差，因此需要成人为他们心理健康的发展提供良好的客观环境。

3. 心理反映具有能动性

心理反映具有能动性，表现为人脑对客观现实的反映受到个人的态度和经验的影响。每个人的生活经验、兴趣爱好、知识修养和个性特点各不相同，对同一事物便会有不同的认识。如欣赏同一首乐曲，缺乏音乐修养的人与具有一定音乐素养的人的感受是不同的。因此，人的心理内容既简单又复杂，但都来源于客观现实。正如列宁所说，世界环境是不依赖于我们而存在的，我们的感觉、意识只是外部世界的印象。没有被反映者就不能有反映，被反映者都是不依赖于反映者而存在的。

人的心理是人脑对客观现实的反映，但人脑对客观现实的反映不是消极、被动的反映，而是能动的、积极的反映。

心理反映具有的能动性还表现在人的心理能够支配、调节人的行动，能动地反作用于客观现实，改造自然，改造社会，以满足人们的各种需要。例如，我们在进行每项行动前总要预先探讨行动的可行性，设计行动的方案。在行动的进行过程中，还会根据具体情况对行动方案做出修改与调整。行动结束后我们还要进行总结评价，以便在今后的行动中取得更好的成果。心理活动的这种能动性，使人的行为前后一致，保证了内部动机与外部行为结果之间的统一。

二、什么是学前儿童发展心理学

（一）学前儿童发展心理学研究的内容

学前儿童发展心理学是心理学的一个分支，是儿童心理学的重要组成部分。1882 年，德国心理学家普莱尔的《儿童心理学》一书问世，这是一部科学系统的儿童心理学著作，标志着科学儿童心理学的诞生。学前儿童发展心理学作为儿童心理学的重要组成部分，是研究 0 ～ 6 岁学前儿童心理发展特点和规律的科学。学前儿童发展心理学的具体研究内容如下。

1. 个体心理的发生

个体出生后，在无条件反射的基础上，建立大量的条件反射，一个人的各种心理现象就出现了。研究个体心理的发生就是研究感觉和知觉、注意、记忆、思维、想象以及个性心理等是如何陆续发生的。

2. 学前儿童心理发展的基本理论

学前儿童心理发展的基本理论包括心理学的基本概念及原理，学前儿童发展的条件及发展趋势，心理学各流派的研究结果等。

3. 学前儿童的心理过程及个性心理的发展

研究学前儿童的心理过程及个性心理的发展就是研究个体心理一旦产生是如何发展的，以及它在学前时期有哪些特点。

（二）学习学前儿童发展心理学的意义

1. 有利于建立科学的儿童观、教育观

学前儿童发展心理学为我们展示了学前儿童心理发展的必然性、不可逆性和顺序性以及不平衡性和个别差异性。通过学习，家长和教师能树立正确、科学的儿童观，从而适时、适当地对学前儿童提出发展的要求和目标。

学前儿童发展心理学帮助我们动态地评价学前儿童的发展，指导家长和教师根据学前儿童的个体差异因材施教，促使每个学前儿童在原有基础上得到最大限度的发展和提高。

2. 有利于做好学前儿童教育工作，改善学前儿童教育的效果

幼儿教师学习学前儿童心理学是提高自身素养的需要，也是搞好学前教育工作的需要。

首先，学前儿童发展心理学揭示了学前儿童认识过程的特点和规律，为幼儿教师组织各项活动、选择适当的教学方法提供了心理学依据；为幼儿教师了解学前儿童情绪、情感和意志提供了行之有效的方法；也为幼儿教师针对不同学前儿童行为问题采取相应措施提供了理论依据。

其次，了解了学前儿童个性心理形成的规律，可以帮助幼儿教师更好地培养学前儿童良好

的性格，使他们从小养成良好的思想品质和行为习惯。幼儿教师可以调动学前儿童的学习兴趣和积极性，对不同气质类型和不同能力的学前儿童运用不同的教育方法，有针对性地发展学前儿童的心理品质，改善教育的效果。

此外，学前儿童发展心理学的知识还可以帮助幼儿教师预见学前儿童心理发展的前景，发现心理发育不良的儿童，并及时给予他们适当的教育治疗，从而能够有意识地引导学前儿童的心理健康发展。

3. 为学校教育打好基础

学前教育的重要性现在已越来越为人们所认识。《幼儿园工作规程》在总则中明确规定：幼儿园是对 3 周岁以上学龄前儿童实施保育和教育的机构，是基础教育的有机组成部分，是学校教育制度的基础阶段。广大幼儿教师工作在学前教育的第一线，对于教育研究积极性、参与性最高。近年来，有关幼儿教师承担研究课题，并积极利用心理学的理论知识作为依据的事例层出不穷。因此每个将要或已经成为幼儿教师的人都应该认真学习心理学知识，不断完善自己的知识结构，为学前教育事业做出自己的贡献。

第二节　影响学前儿童心理发展的因素

影响儿童心理发展的因素是复杂多样的，可以分为客观因素和主观因素。客观因素主要是指儿童心理发展必不可少的外在条件，包括生物因素和环境因素。生物因素包括遗传和生理成熟；环境因素包括自然环境因素和社会环境因素。主观因素是指儿童心理本身的特点。主观因素和客观因素又总是处于相互作用中。

扫一扫1-2　影响学前儿童心理发展的因素

一、遗传和生理成熟

遗传，即祖先的生物遗传特性传递给后代的生物现象。遗传素质主要是指那些与生俱来的生理特点，如机体的构造、形态，感觉器官和运动器官的特点，神经系统特别是大脑结构和机能的特点，以及高级神经活动类型的特点等。

遗传对学前儿童心理发展的影响主要体现在以下两个方面。

1. 遗传为学前儿童的心理发展提供最基本的自然物质前提

正常的大脑和神经系统是学前儿童心理发展的基础。黑猩猩再怎么经过训练，其心理水平也很低，因为它没有人的大脑和神经系统。一个先天失明的学前儿童很难画出色彩丰富的图画。

2. 遗传奠定了学前儿童心理发展个别差异的最初基础

有的学前儿童思维灵活，行动敏捷，适应性强；有的学前儿童反应迟钝，动作缓慢，不善

应变。这些差异主要是由先天的神经活动类型决定的。心理学家研究发现，同卵双生子有几乎相同的智力水平，而在一起长大的、没有血缘关系的学前儿童的智力相关性很小。这说明了遗传对智力的影响。

在遗传因素的影响下，学前儿童生理的发育成熟也是影响他们心理发展非常重要的因素。生理成熟是指学前儿童身体生长发育的程度或水平。心理学上有一个非常有名的实验，即美国心理学家格塞尔的双生子爬楼梯实验，实验很好地说明了生理成熟和学前儿童心理发展之间的关系。

实验具体是这样的：双生子中的一个在出生后第 46 周时开始学习爬楼梯，每天练习 10 分钟，连续练习 6 周；而双生子的另一个在出生后第 53 周开始训练，第二个仅训练 2 周就赶上了第一个的水平。这说明什么？这说明学前儿童的发展依赖于生理成熟的水平，生理成熟在一定程度上对学前儿童心理的发展起着制约作用。

在人的某种心理结构和机能达到一定成熟程度时，外界适时地给予适当的刺激，就会使人相应的心理活动有效地出现或发展；在人的机体尚未成熟时，外界即使给予某种刺激，也难以取得预期的结果。这也是为什么很多学者一直反对幼儿园教育小学化的原因。

二、环境因素

学前儿童的发展除了受到生物因素的影响之外，还受环境因素的影响。环境是指学前儿童所处的客观世界，包括自然环境和社会环境。自然环境主要提供个体生存所需要的物质条件，例如阳光、空气、水分、营养物质等。社会环境主要是指社会生活条件，如社会的生产发展水平、社会制度、家庭状况、受教育状况等。心理学讨论的环境主要是指社会生活条件和教育条件。那么，环境在学前儿童心理发展中起什么作用呢？

1. 社会生活条件使遗传和生理成熟为心理发展提供的可能性变为现实

尽管遗传为学前儿童心理发展提供了可能性，但如果脱离了社会生活条件，这种可能性也不能成为现实。狼孩的故事就说明了这一点。不同的社会生活条件和教育条件下，学前儿童心理发展会产生不同的结果。例如，不同国家、不同地区的学前儿童心理发展状况是不一样的。

2. 教育在学前儿童心理发展中起着主导作用

（1）教育可以弥补学前儿童遗传素质的不足；（2）教育可以充分发展学前儿童的智力和才能；（3）教育可以利用社会环境的积极影响，促进学前儿童心理的发展；（4）教育可以抵消社会环境的消极影响。教师或家长只有通过有目的、有计划、系统的教育，才能使学前儿童心理得到健全发展。研究表明，不同教育水平的幼儿园中，学前儿童的认知能力发展水平也是不同的。

三、主观因素

（一）主观因素是学前儿童心理发展的内部原因

影响学前儿童心理发展的主观因素，主要是指学前儿童的全部心理活动，具体包括学前儿童的需要、兴趣爱好、能力、性格、自我意识以及心理状态等。

1. 需要

需要是最活跃的因素。学前儿童从出生起，就有对食物的需要、对温暖的需要等。稍大的孩子有和人交往的需要、认识的需要、游戏的需要等。需要，归根到底是客观事物的反映，但是它本身起一种刺激作用。成人对学前儿童进行的教育，如果不引发学前儿童接受教育的需要，那么教育也不可能奏效。

2. 兴趣和爱好

兴趣和爱好是影响心理发展的重要因素。比如，在有趣的游戏里，学前儿童的坚持性可以有明显的提高。又如，同样是学钢琴，爱好弹琴的学前儿童很快就掌握了一些基本能力，不爱好弹琴的学前儿童学习起来就特别费劲或始终学不会。

3. 自我意识

自我意识在人的心理活动中起控制作用。比如，自尊心强的学前儿童，其心理活动的积极能动性比较突出。例如，有个幼儿，当全班小朋友都得到小红花，而他没有得到时（因为他打人了），他不肯回家，非要拿到小红花才肯离园。经过教育，他明白了道理。从第二天起，他自觉控制自己的行为，每天下午问老师："我今天表现好吗？"有一天，老师说他有进步，奖励给了他一朵小红花，他高兴极了。

4. 心理状态

心理状态包括注意、激情、心境等，是心理活动的背景，即心理活动进行时所处的相对稳定的水平，起着提高或降低心理活动积极性的作用。

（二）心理的内部矛盾是推动学前儿童心理发展的根本原因或动力

学前儿童心理活动的各种心理成分或因素之间既彼此不可分割，又经常对立统一。比如有的学前儿童有完成任务的动机，却缺乏坚持到底的意志力。学前儿童心理的内部矛盾可以概括为两个方面，即新的需要和旧的心理水平或状态。需要是由外界环境和教育引起的。随着学前儿童的成长和生活条件的变化，外界对学前儿童的要求也在不断变化。客观要求如果被学前儿童接受，它就变成学前儿童的主观需要。需要是新的心理反映。旧的心理水平或状态是过去的心理反映。这两种心理反映通常是不一致的。不一致即有差异，有差异就有矛盾。两者构成心理内部不断发展的矛盾。学前儿童有了新的需要，就不满足于已有的水平。

学前儿童心理内部矛盾的两个方面也是互相依存的。一方面，学前儿童的需要依存于学前儿童原有的心理水平或状态。因为需要总是在一定的心理发展水平或状态的基础上产生的。另一方面，一定的心理水平的形成又依存于相应的需要。没有需要，学前儿童就不会学习任何知识技能，心理水平就不能提高。教育的任务是根据学前儿童已有的心理水平和心理状态，提出恰当的要求，帮助学前儿童产生新的矛盾运动，促进其心理发展。

影响学前儿童心理发展的客观因素和主观因素是相互联系的，相互影响的。教师或幼儿只有正确认识它们的相互作用，才能弄清学前儿童心理发展的原因。首先，我们应充分肯定客观因素对学前儿童心理发展的作用。其次，我们不可忽视学前儿童心理的主观因素对客观因素的反作用。再次，我们应认识到客观因素影响学前儿童心理的发展，学前儿童心理的发展又反过来影响客观因素的变化。这种主客观相互作用的循环过程，始终伴随着学前儿童心理的发展。

拓展阅读：关键期

一、关键期的概念

图 1-1 中的人物是奥地利生物学家劳伦兹。从图 1-1 中可见，劳伦兹的身后总是跟着一群小鹅，无论劳伦兹在做什么、在哪里，小鹅们总是追随在劳伦兹身边。这是为什么呢？

图1-1 劳伦兹和小鹅

原来，劳伦兹于 1935 年首先发现，小鹅在刚孵化出来后的几个到十几个小时之内，会有明显的认母行为。它追随第一次见到的活动物体，把它当成"母亲"而跟着走。如果小鹅第一眼见到的是鹅妈妈，它就跟着鹅妈妈走；如果小鹅第一眼见到的是劳伦兹，就把他当成母亲，跟着他走；而当它第一眼见到的是跳动的气球时，它也会把气球当成"母亲"，跟着气球走。

扫一扫1-3
关键期

然而，如果在出生后的一段时间内不让小鹅接触到活动的物体，那么过了一两天后，

无论是货真价实的鹅妈妈还是劳伦兹，无论再怎样努力与小鹅接触，小鹅都不会跟随，更不会"认母"。这说明，小鹅认母的行为能力丧失了，这种能力是与小鹅特定的生理时期密切相关的。

劳伦兹把这种无须强化的、在一定时期容易形成的反应叫作"印刻"（Imprinting）现象，把"印刻"现象发生的时期叫作"发展关键期"。即在个体成长的某一段时期，其成熟程度恰好适合某种行为的发展；如果失去或错过发展的机会，以后将很难学会该种行为，有的甚至一生难以弥补。在关键期内，机体对环境影响极为敏感，对微细刺激即能发生反应。所以，有的研究者也称其为"敏感期"。

后来的许多研究还发现，这种"关键期"现象不仅发生在小鹅身上，几乎在所有的哺乳动物身上都有，包括在人类身上。例如：2～3岁是口头言语发展的关键期。在正常言语环境中，这个时期的学前儿童学习口语最快，学习成果最巩固。反之，学前儿童在这个时期如果完全脱离人类的语言环境，其后很难再学会说话。例如，狼孩卡马拉在半岁左右时被母狼带走，被人们发现时大概8岁。被发现时，她和狼的生活习性完全一样，不会说话。经过教育，卡马拉用了25个月才开始说第一个词"ma"，4年只学会了6个单词，7年学会45个单词，曾说出用3个单词组成的句子。但她直到17岁死去也没有真正学会说话。

二、学前儿童的关键期

语言发展的关键期是目前唯一被证实的，一旦错过将一生难以弥补的事情。人类其他的行为更多的状况是：在关键期内学习，可以事半功倍；如果错过关键期，则要事倍功半。在人的一生当中，0～6岁是人一生的关键期，因为0～6岁包含了很多人的发展的关键期，例如：

0～1岁：声音辨别、安全感、亲子关系建立关键期

0～2岁：动作发展关键期（口、手、脚）

2～3岁：口头言语发展关键期

3～4岁：执拗秩序发展关键期

4～5岁：人际关系发展关键期

5～6岁：认识符号、书写符号的关键期

三、面对关键期，我们应该如何做

幼儿教师应多了解一些关于关键期的资料，在学前儿童发展关键期，给学前儿童足够的空间和自由，并给予相应的支持，让学前儿童有更好的发展。

例如：婴幼儿在口和手的关键期，主要表现：不停地用嘴去探索去寻找，抓起什么都往嘴里放，抓、捏、摸、按、揪、捅、插、撕、拧……喜爱所有和手有关的事情。这个时期教师或家长应该做的是：准备一些可以让孩子咬的玩具，将玩具洗干净让孩子玩；

不要对卫生要求过高。因为此时口和手是学前儿童最初认识世界的工具，也是唯一直接的途径。

第三节　学前儿童发展心理学的基本理论

学前儿童发展心理学是研究学前儿童发展心理发生发展的一门科学。学前儿童是怎么知道这是妈妈而不是爸爸的？怎么掌握运算的？这些都是学前儿童心理学试图说明的基本问题。国外的儿童心理学家，在这方面创立了许多不同的学说，形成了不同的流派，从各个不同角度试图说明儿童心理的发生与发展机制，目前影响较大的主要有以下几种学说。

扫一扫1-4　儿童发展理论（上）

一、格塞尔的成熟学说

成熟学说强调儿童心理的发展取决于个体生理，尤其是神经系统的成熟。成熟支配着个体发展的每个方面，包括所有能力的学习，甚至包括道德的发展。成熟学说的代表人物是美国心理学家格塞尔。

成熟学说认为，儿童的学习与成熟是分不开的。当个体的成熟程度不够时，教学就收不到应有的效果。只有当个体成熟到一定程度时，才能真正掌握学习的内容。因此，这一学说认为，儿童的一切技能都是由成熟支配的，没有必要赶在时间表前面去教他们，教育和训练只有在儿童生理成熟的基础上进行才有效，否则只会徒劳无功。

为了证实自己的学术观点，格塞尔做了一个著名的"双生子爬楼梯"实验。他的实验对象是一对 46 周龄的孪生婴儿，其中一个为实验对象（代号 T），另一个为控制对象（代号为 C）。实验开始前，T 和 C 都没有见过楼梯，实验开始后，T 每天接受爬楼梯的训练 10 分钟，共进行 6 周；在这期间不让 C 做爬楼梯训练，也不让他看爬楼梯的有关场景。训练结束时，T 能以 20 秒的速度爬上特制的 5 层楼梯，而 C 在第 53 周龄时才开始爬楼梯，两周后，T 赶上了 C 的水平。这一实验显示了成熟在儿童动作发展中的作用。格塞尔认为，成熟是儿童心理发展的基本条件，儿童的生理成熟度不仅影响其技能的学习，而且也影响其个性的形成。

格塞尔把成熟作为儿童心理发展的决定性因素是一种片面的观点，这与我们持有的"树大自然直"的观点一样，有一定偏颇性。现代心理学认为，个体的成熟是心理发展的一个必要条件和物质前提，但并不是心理发展的决定性因素。

二、弗洛伊德的心理发展观

奥地利心理学家弗洛伊德是精神分析学派的创始人，他将人格分为 3 个部分，即本我、自我和超我。

（一）本我

本我遵循的是快乐原则。例如，早期的婴儿会全力追求欲望的满足。一个处于饥饿中的婴儿不会等待，马上就要吃奶。

（二）自我

自我遵循的是现实原则，它是意识中的理性成分。一方面，自我适应现实的条件，从而调节控制和延迟本我欲望的满足；另一方面，自我还要协调本我与超我的关系。

（三）超我

超我是人格中最高的层次。超我遵循的是道德原则，是人格的社会成分。

三、行为主义心理学派

（一）华生的环境决定论

美国心理学家约翰·华生是行为主义心理学的创始人。华生发表的《一个行为主义者心目中的心理学》一文，宣告了行为主义心理学的诞生。

行为主义学说认为，人的一切行为都是由环境中的刺激引起的反应，人类的行为来自学习，而学习的决定因素是外部刺激。外部刺激是可以控制的，因此人的行为也是可以控制的。华生曾踌躇满志地说："给我一打健全的婴儿和我可用以培养他们的特殊环境，我就可以保证随机选出任何一个，无论他的才能、倾向、本领和他父母的职业及种族如何，我都可以把他训练成我所选定的任何类型的特殊人物：医生、艺术家、大商人甚至乞丐、小偷。不过请注意，当我进行这一实验时，我要亲自决定这些孩子的培养方法和环境。"

可见，行为主义学说否认了遗传的作用，认为遗传只决定人的身体结构，而不决定人的行为。人的行为，无论多么复杂，都不过是一系列对特定刺激的反应。这一系列的反应中，最初的反应是由外部刺激引起的，以后的反应则是由前一个反应作为条件刺激而引起。反应与反应之间通过条件反射相互连接起来。儿童的行为是通过学习和训练而习得的。给儿童以什么样的训练，就可以把他们训练成什么样的人。

（二）斯金纳的操作行为主义学说

操作行为主义是由美国心理学家斯金纳提出的。斯金纳认为，人的行为是由活动的结果决定的，行为结果对行为本身具有重要影响。他将这种影响称为强化，强化比练习本身更重要。建立特定的强化是行为学习的关键。例如，努力学习能使学生得到一个好的考试成绩，于是学生就进行学习这一活动。斯金纳不仅用这种理论解释和培养儿童的行为，而且还以此来解释儿童语言的获得。斯金纳还认为，思维也是一种行为形式，只不过这种行为形式比其他的动作行为更微弱和隐蔽罢了。因为思维的行为是隐藏的，心理学无法测量。

斯金纳通过大量实验发现，控制行为的因素主要有三种：（1）正强化，也就是某一行为如果带来使行为者感到愉快和满足的东西，如食物、金钱、赞誉等，行为者就会倾向于重复该行为。（2）负强化，即某一行为如果会消除行为者的不快和厌恶，如消除严寒、酷热、责骂等，行为者也会倾向于重复该行为。（3）惩罚，如果某一行为会导致行为者不快乐，或导致行为者感到快乐的东西被取消，行为者就会倾向于终止和避免这一行为的出现。

四、认知发展理论

传统的心理学不是强调遗传，就是强调环境的决定作用。瑞士心理学家皮亚杰创立的认知发展学说树立了新的观点。

（一）儿童心理发展的影响因素

皮亚杰认为儿童心理发展的影响因素有 4 个：成熟、物理环境、社会环境和平衡化。

扫一扫1-5　儿童发展理论（下）

1. 成熟

成熟指的是机体的成长，特别是神经系统和内分泌系统的成长，这是儿童心理发展的必要条件。没有这个条件，儿童的心理不可能得到发展。但有了成熟这一条件，还不足以使儿童心理得到发展，还需要以下各因素。

2. 物理环境

物理环境包括两个方面：一方面是物理经验，即个体作用于物体，认识物体轻、重、大、小、凉、热、软、硬的特征；另一方面是逻辑数理经验，指的是儿童在作用于物体时，从动作中获得的经验。为了说明逻辑数理经验是怎么回事，皮亚杰举例说明：一个儿童在玩石子，他将石子排成一排，从左向右数 10 个，然后他自右向左数，依然是 10 个，甚至把石子排成圆圈儿，从两个方向数也都是 10 个，于是儿童发现物体的总数和计数时的次序无关。对于儿童来说，这就是一个重大的逻辑数理经验。这个经验，不是石子本身的特性，而是儿童在动作的操作和协调中得到的。

3. 社会环境

社会环境主要指的是对儿童的教育，是儿童学习、训练的社会作用。皮亚杰认为，社会环境产生的作用要比物理环境更大，因为社会环境向儿童提供了一个现成的交际工具——语言，语言对于儿童心理的发展有重大影响。

4. 平衡化

皮亚杰称平衡化为儿童心理发展的决定性因素。什么是平衡化，为了说明这个问题，我们

将从认知结构说起。皮亚杰认为，各个年龄阶段的儿童都具有相应的认知结构，认知结构有一个发展过程。最初的认知结构是在先天遗传的图式如吸吮、抓握等基础上发展起来的，以后随着动作的发展，认知结构不断改变，变得越来越复杂和完备。与此同时，儿童的思维也就变得越来越抽象。皮亚杰认为，儿童认识世界、适应环境有同化和顺应两种过程。同化，是把外界刺激纳入原有的认知结构；顺应是当有的认知结构不能接纳外界环境时，便做一定的改变或创立新的认知结构，然后再来接纳外界刺激。

人在适应外部世界的过程中，总是在不断地把外界刺激同化到自身的认知结构中，或不时地适度改变自身的认知结构去适应外界环境，可见同化和顺应是一对相辅相成不可分割的过程。至于平衡化，则是通过自我调节作用，使同化与顺应之间相互协调，达到平衡的过程。平衡化的结果就是形成主体对环境的适应。皮亚杰认为，智力的本质就是适应。

（二）认知发展阶段

1. 感觉和知觉运动阶段（0岁至2岁）
这个阶段的学前儿童最初只用天生的反射来适应环境。以后在外界影响下逐渐有整合的动作反应，并开始协调感觉、知觉和动作间的共同活动。这一阶段后期，学前儿童的感觉和知觉运动智慧开始向表象过渡。

2. 前运算阶段（2岁至7岁）
这个阶段的儿童逐渐掌握语言，儿童可用这种信号物来代表具体的事物，开始用语言描述周围的环境，用语言与人进行交往。同时，儿童能用表象进行思维活动，有了表象思维，能进行"延迟模仿"，即能模仿先前发生的动作。儿童在这个阶段会进行"象征性游戏"，即能用一个物体去代替别的物体，自己扮演某个角色等。但这一阶段的儿童"自我中心"心理比较突出，认为外部世界围绕着他旋转，也没有守恒概念，不能从本质上认识事物。皮亚杰针对这一阶段的儿童做了大量的实验研究，充分揭示了这一阶段儿童思维的表象性和直觉性。

3. 具体运算阶段（7岁至12岁）
这个阶段的儿童能在具体事物或具体形象的帮助下用各种方法进行逻辑思维。

4. 形式运算阶段（12岁以后）
这个阶段的儿童逐渐摆脱具体事物或形象的束缚，开始根据各种假设，对命题进行逻辑运算。

皮亚杰认为，以上4个阶段是相互联系又有区别的，它们之间的顺序不会颠倒也不能省略。具体到每一个儿童，他们的发展速度和高度可能不一样，但所经历的发展阶段是一样的。教育可以影响儿童发展的速度，但绝不可能跨越某一阶段。皮亚杰特别强调：认知结构既不是主体内部预先规定好结果的展开，也不是对外界客体的简单复写。而是主体和客体相互作用的结果。主体的动作是连接主体与客体的桥梁，因为没有动作就意味着与外部世界失去接触。

五、维果斯基的心理发展观

维果斯基是苏联著名的心理学家，在发展心理学领域中的地位与皮亚杰相当。在 20 世纪 70 年代后，维果斯基的理论得到重视，成为当代最有影响的发展与教育心理学理论之一。

（一）文化历史发展理论

维果斯基从种系和个体发展的角度分析了心理发展的实质，提出了文化历史发展理论。他区分了两种心理机能：一种是作为动物进化结果的低级心理机能；另一种则是作为历史发展结果的高级心理机能，即以符号系统为中介的心理机能，受到社会历史发展规律的制约。维果斯基提到的工具有两个层次：物质生产的工具和精神生产的工具——语言符号系统。

维果斯基认为，人的思维与智力是在活动中发展起来的，是各种活动相互作用、不断内化的结果。

（二）最近发展区

维果斯基认为，儿童的发展包含两种水平：一是儿童的现有水平，由一定的已经完成的发展系统所形成的儿童心理机能的发展水平；二是即将达到的发展水平。这两种水平之间的差异就是最近发展区。最近发展区：儿童在有指导的情况下，借助成人帮助所能达到的解决问题的水平与独自解决问题所达到的水平之间的差异，是两个邻近发展阶段间的过渡。最近发展区的大小是儿童心理发展潜能的主要标志。因此，维果斯基提出，"教学应当走在发展的前面"，教学应着眼于学生的最近发展区，把潜在的发展水平变成现实的发展，并创造新的最近发展区。

（三）支架式教学

支架式教学是以维果斯基最近发展区理论为基础而发展起来的一种教学模式。一般而言，支架式教学包括了 3 个步骤：第 1 步，创设问题情境。第 2 步，在师生共同解决问题的过程中，儿童积极主动地与环境相互作用，不断进行自我建构、自我发展；而教师则在观察的基础上，为帮助儿童跨越学习中的障碍提供不同的支架。第 3 步是儿童独立学习。

第四节　学前儿童发展心理学的研究方法

学前儿童发展心理学的研究方法既有儿童心理学研究方法的普遍性，又有本学科的特殊性。学前儿童发展心理学的主要研究方法有观察法、实验法和作品分析法。

一、观察法

观察法是指通过感官或借助一定的仪器设备有目的、有计划地对自然状态下发生的现象和行为进行系统、连续的考察记录分析，从而获取事实材料的研究方法。例如，幼儿教师要研究学前儿童的告状行为，就需要对学前儿童告状的时间、地点、内容、目的、频率等方面进行观察记录，分析学前儿童产生告状行为的原因，得出学前儿童的告状行为是否有年龄差异、性别差异和个别差异的结论。观察法是科学研究中使用的最基本、最普遍的方法。

（一）观察法的具体形式

1. 日记描述法

日记描述法又称儿童传记法，是对观察对象进行长期的跟踪观察，以日记形式记录观察对象行为表现的方法。日记描述法是对儿童进行研究的传统方法，是在日常生活中边观察、边记录的方法。运用该方法能系统地获取儿童身心发展的连续变化，能提供较长期、较详细的第一手资料。

2. 轶事记录法

轶事记录法观察记录的内容可以是典型的行为表现，也可以是异常的行为表现，可以是表现儿童个性的行为事件，也可以是反映儿童身心发展某一方面的行为事件。

轶事记录法是幼儿教师常用的一种方法，运用起来简单、方便、灵活。它可以帮助幼儿教师了解学前儿童的个性特征，了解学前儿童的成长和发展，探讨影响学前儿童发展的各种因素，有助于针对性地进行教育干预。但由于轶事记录法记录的是观察者认为有意义的事件，常带有主观倾向。

3. 实况详录法

实况详录法指详细完整地记录被试者在自然状态下发生的行为，然后对收集的原始资料进行分类，并加以分析的方法。

4. 取样观察法

取样观察法的基本原理和选择被试的抽样原理相似，即按事先确定的标准，在研究总体中抽取部分对象作为样本，然后以样本的结果推论总体状况。这样既可以节省时间、人力、物力，也可以收集到可靠的观察资料，使观察具体而客观。

（二）观察法的优缺点

1. 优点

（1）能通过观察直接获得资料，不需要其他中间环节，观察的资料比较客观可靠。

（2）在自然状态下进行，不需要学前儿童做出超越自身的反应，对学前儿童身心发展特点最为尊重。

（3）研究者可以考察学前儿童身心发展的各个方面，关注个体差异，对学前儿童做出恰当的判断和评价。

2. 局限

（1）受到研究者自身限制，难以做到绝对客观，观察资料不免带有一定主观性。

（2）需要大量的时间和精力，不适用于大样本研究，从而会影响研究结果的代表性。

（3）无法探究事物内部联系、内部核心等较为隐蔽的问题。

（4）自然状态下的观察缺乏控制，无关变量混杂其中，从而影响观察结果的有效性。

二、实验法

实验法是教师根据研究目的对某些条件加以控制，有计划地改变某种教育因素，从而考察该因素与随之产生的结果之间因果关系的一种研究方法。实验法可以按实验场地的不同分为实验室实验与自然实验两种。实验室实验是指在人为创造的高度控制的环境中进行的实验。实验室实验能有效控制无关变量以获得精确的结果，其结果的推广却受到限制。自然实验是指在实际自然的情景中进行，尽可能地控制无关变量，但能较长时间地持续进行的试验。自然实验时间较长，但其结果便于推广。

三、作品分析法

作品分析法是研究者运用一定的心理学、教育学原理和有效经验对研究对象专门活动的作品进行分析研究，从而了解研究对象心理活动的一种方法。作品分析法，是在对作品进行定量和定性分析的基础上，揭示作品背后隐藏的研究对象的行为态度和价值观念。研究对象的作品很多，如作业、日记、作文、笔记、绘画作品及工艺作品等。作品分析法是一种非常有效的收集资料的方式，它辅助观察法、谈话法等其他研究方法，互证或证伪其研究结果，也是一种独立完整的研究方法。

【本章小结】

本章主要介绍学前儿童发展心理学的研究内容，影响学前儿童心理发展的因素，并阐述了学前儿童发展心理学主要理论流派的观点及其代表人物。在上述基础上，本章阐述了学习学前儿童发展心理学的意义，帮助读者认识到学前儿童心理特点与实际教育工作的相互关系。本章具体要点如下。

（1）人的心理现象，主要包括心理过程和个性心理。

（2）心理过程，包括认识过程、情感过程和意志过程。

（3）心理的实质是人脑对客观现实的能动反映。

（4）学前儿童发展心理学是研究学前儿童心理发展特点和规律的科学。

（5）学前儿童发展心理学基本的研究方法：观察法、实验法和作品分析法。读者应该能运用这些方法初步了解学前儿童心理的发展状况和教育需求。

【思考与练习】

一、名词解释

1. 学前儿童发展心理学

2. 观察法

3. 作品分析法

二、填空题

1. _____ 是儿童心理发展的物质前提。

2. 个性心理特征包括 _____、_____、_____。

3. 心理是 _____ 的机能。

三、单项选择题

1. 一个小黑点，有的孩子看后说像蚂蚁，有的孩子说像芝麻，但在成人看来那只是一个小黑点。这个现象说明（　　　）。

    A. 心理对客观事物的反映是带有主观色彩的

    B. 心理对客观事物的反映是被动的

    C. 小孩子对客观事物的反映是不准确的

    D. 成人对客观事物的反映是有准备的

2. 学前儿童发展心理学研究的是（　　　）。

    A. 从出生到成熟时期心理的发生发展

    B. 从初生到入学前心理发生与发展的规律

    C. 0～3 岁儿童心理发生与发展的规律

    D. 6～7 岁儿童心理的发展

3. 学前儿童发展心理学是（　　　）。

    A. 学前教育学的分支

    B. 儿童解剖生理学的进一步发展

    C. 儿童发展心理学的一个组成部分

    D. 普通心理学的基础

4. 运用观察法了解学前儿童就是（　　　）。

    A. 有目的、有计划地在生活条件下观察学前儿童的外部行为并分析其心理活动

    B. 在有控制的条件下观察学前儿童的行为并揭示其心理

    C. 通过学前儿童的家长去了解其心理活动

    D. 通过和学前儿童的交谈研究其各种心理活动

5. 以下说法正确的是（　　　）。

　　A. 对学前儿童心理活动的观察记录只需记录行为本身

　　B. 对学前儿童活动的观察记录可以采用简略的、成人化的语言

　　C. 对学前儿童活动的观察记录不能采用除笔记外的其他任何辅助手段

　　D. 对学前儿童活动的观察记录不仅要记录行为本身，还要记录行为的前因后果

四、简答题

1. 简述学前儿童发展心理学的研究对象。

2. 你是怎样理解心理实质的？

3. 影响学前儿童心理发展的因素有哪些？

4. 运用观察法研究学前儿童应注意什么问题？观察法有哪些优缺点？

5. 学前教育专业的学生为什么要学习学前儿童发展心理学？

五、实例分析题

1. 看同一部电影，人们的评价却大不相同。有的人认为非常精彩，有的人认为一般，还有的人却认为不怎么样。这是什么原因呢？

2. 幼儿园小朋友的父母时常反映说："双休日带一个孩子，比上班还累。"而幼儿园教师，带一大群孩子，并不觉得怎么费劲。这是为什么呢？

第二章

学前儿童感觉和知觉的发展

【学习目标】

1. 掌握感觉和知觉的概念及二者的联系
2. 了解感觉和知觉的种类
3. 理解感受性的变化规律和知觉的特性
4. 了解学前儿童感觉、知觉发展的特点
5. 掌握学前儿童观察力的培养方法

【学习重点和难点】

重点：学前儿童感觉、知觉发展的特点

难点：感受性的变化规律和知觉的特性

【引入案例】

多多很顽皮，对于从没有看到过或接触过的东西，他总是要看一看，摸一摸，还会提很多问题，对于有些问题，大人都不知道该如何回答。从多多的身上我们看到了学前儿童在感觉和知觉上发展的某些特点。本章将讨论学前儿童感觉和知觉的问题。

第一节　感觉和知觉概述

一、什么是感觉和知觉

感觉是人脑对直接作用于感觉器官的客观事物的个别属性的反映。客观事物是感觉的源泉和反映的对象。

知觉是人脑对直接作用于感觉器官的客观事物的整体属性的反映。知觉是在感觉的基础上产生的，它是对感觉信息整合后的综合反映。

感觉和知觉是紧密联系而又有区别的心理过程，离开了客观事物对人的作用，就不会产生相应的感觉与知觉。

扫一扫2-1　感觉和知觉的概述

人总是以知觉的形式直接反映事物。感觉作为知觉的组成部分存在于知觉之中，因此很少有孤立的感觉。

二、感觉和知觉的功用

（一）感觉和知觉是认知的开端

人对客观世界的认识是从感觉和知觉开始的。人类的认识无论是来自亲身经历的直接经验，还是来阅读书本得到的间接经验，都是先通过感觉和知觉获得的。人类的知识无论多么复杂，也都是建立在通过感觉和知觉而获得的感性知识基础上的。

（二）感觉和知觉是一切心理现象的基础

人的认识活动是从感觉开始的。通过感觉，人不仅能够了解客观事物的各种属性，知道身体内部的状况与变化，而且还能够进行复杂的知觉、记忆和思维等活动，从而更好地反映客观事物。感觉是维持人正常心理活动的重要保障，如果把人的感觉剥夺了，人的思维过程就会发生混乱，注意力就不能集中，甚至会产生严重的心理障碍。

小资料：感觉剥夺实验

1954年，加拿大麦克吉尔大学的心理学家首先进行了"感觉剥夺"实验。实验中，被试者戴上半透明的护目镜，难以产生视觉；听着用空气调节器发出的单调声音，被限制其听觉；手臂戴上纸筒套袖和手套，腿脚用夹板固定，触觉被限制。被试者单独待在实验室里，几小时后开始感到恐慌，进而产生幻觉……在实验室连续待了三四天后，被试者会产生许多病理性的心理现象：出现错觉幻觉；注意力涣散，思维迟钝；紧张、焦虑、恐惧等。实验后，被试者需数日方能恢复身心正常。

这个实验表明：大脑的发育、人的成长成熟是建立在与外界环境广泛接触基础之上的。只有通过社会化的接触，更多地感受到和外界的联系，人才有可能更多地拥有力量，也能更好地发展。

感觉和知觉是比较简单的心理过程，但它却给高级复杂的心理过程提供了必要的基础。没有感觉和知觉，外部刺激就不可能进入人脑中，人就不可能产生记忆、想象、思维等高级的心理过程。感觉和知觉不仅为记忆、思维、想象等提供材料，也是动机、情绪、个性特征等一切心理活动的基础。没有感觉和知觉也就没有人的心理。

三、感觉和知觉的种类

（一）感觉的种类

感觉的种类是根据人体分析器的特点以及它所反映的最适宜刺激物的不同而划分的。我们可以把感觉分为两大类：外部感觉和内部感觉。

外部感觉的分析器位于人体的表面或接近表面的地方，主要接受来自体外的适宜刺激，反映体外事物的个别属性，主要有视觉、听觉、嗅觉、味觉、肤觉等。

扫一扫2-2　感觉
和知觉的分类

内部感觉的分析器位于机体的内部，主要接受机体内部的适宜刺激，反映自身的位置、运动和内脏器官的不同状态，包括运动觉、平衡觉和机体觉。

（二）知觉的种类

根据不同的标准，知觉可以分为不同的种类。

根据知觉过程中起主导作用的分析器的不同，知觉可以分为视知觉、听知觉、嗅知觉、味知觉和肤知觉等。

根据知觉对象的不同，知觉可以分为物体知觉和社会知觉。物体知觉主要是对物的知觉，具体有空间知觉、时间知觉和运动知觉。社会知觉是对人的知觉，具体包括对他人的知觉、自我知觉和人际关系的知觉。

四、感觉和知觉的特性

（一）感觉的特性

感觉主要有相互作用、适应、对比这 3 个特性。介绍感觉的特性之前，要先介绍下感受性这个概念。感受性是指人的感受器对刺激物的感觉能力。不同的人对同一刺激物的感受性不同；反之，同一个人对不同刺激物的感受性也不尽相同。

1. 感觉的相互作用

各种感觉不是孤立存在的，而是相互联系、相互制约的。不同感觉的相互作用，可以使感受性发生变化，或提高、或降低。例如：餐馆里端上来的食物如果颜色很好看，你会觉得这道菜特别好吃。

2. 感觉的适应

感觉的适应是指由于刺激物对感受器的持续作用，从而使感受性发生变化的现象。感觉的适应可以使感受性提高，也可以使感受性降低。

视觉适应是最常见的感觉适应现象。视觉适应包括明适应和暗适应两种。

3. 感觉的对比

感觉的对比是指感受器因接受不同刺激物而使感受性发生变化的现象。它分为同时对比和相继对比。

（1）同时对比：不同刺激物同时作用于同一感受器时产生同时对比现象。例如"月明星稀"。明暗同时对比图如图 2-1 所示。

图2-1 明暗同时对比图

（2）相继对比：当不同刺激物先后作用于同一感受器时产生的对比现象。例如：吃糖后再吃苹果，会觉得苹果很酸；吃了苦药后，喝白开水都会觉得水很甜。

研究对比现象有重要的意义。幼儿教师在教学中充分利用对比现象组织教学，能够提高教学效果和学前儿童的学习效率。

4. 感受性的训练

人的感受性可以通过实践活动得到提高。由于职业的训练或实践活动的需要，人如果对某种感觉进行长期、精细的训练，就能使其感受性大大提高。例如：爱好饮茶的人品一口茶，就知道茶的产地、等级、品质等；染色工人可以辨认 40 多种黑色。此外，人如果丧失了某种感觉能力，会使他的其他感觉能力得到发展。例如，聋哑人视觉特别好，盲人的听觉、触觉特别发达。

（二）知觉的特性

1. 知觉的选择性

人所处的环境复杂多样。在某一瞬间，人不可能对众多事物进行感觉和知觉，而总是有选择地把某一事物作为知觉对象，与此同时，把其他对象作为知觉对象的背景。这种现象叫作知觉选择性。

扫一扫2-3 知觉的特性

影响知觉选择性的因素有主观因素与客观因素，下面分别说明。

（1）客观因素：①对象与背景的差别。差别越大，对象越易从背景中分离出来，如图 2-2 和图 2-3 所示。②对象的活动性。活动着的刺激容易被感觉和知觉。③对象的特征。特征明显的刺激物易被感觉和知觉。

（2）主观因素：目的性、任务、知识经验、个人需要、兴趣、情感状态等。

图2-2　花瓶还是人脸

图2-3　少女还是老妇

2. 知觉的整体性

知觉的对象具有不同的属性，由不同的部分组成。但人并不把某个对象知觉为个别的孤立部分，而是把它知觉为一个统一的整体，这种特性称为知觉的整体性，如图 2-4 所示。

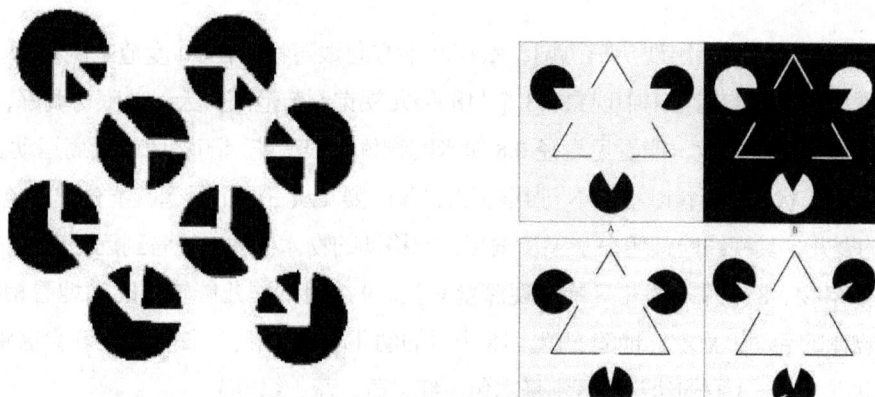

图2-4　知觉的整体性

3. 知觉的理解性

个体在知觉过程中，根据已有的知识与经验，对感觉和知觉的事物进行加工处理，并用语词加以概括，赋予其确定意义的过程，即为知觉的理解性。

例如，有一天，诗人、哲学家、植物学家一同去春游，但是对田野风光的感受却大不相同。哲学家看到的是万物复苏，想到的是一年复始、万象更新，大自然在永恒的运动中保持着和谐；诗人看到的是风和日丽，潺潺流水；植物学家看到的是路旁栽的是什么树，河边长的是什么草，墙上开的是什么花。

4. 知觉的恒常性

个体在知觉过程中，由于知识经验的参与，其知觉并不因知觉条件，如距离、角度、光亮等的变化而改变，而是保持相对稳定不变的特征，这种特性称为知觉的恒常性。

知觉的恒常性表现为大小恒常性、形状恒常性、颜色恒常性、速度恒常性等。

第二节　0～3岁婴幼儿感觉和知觉的发展

一、婴幼儿感觉的发展

（一）婴幼儿视觉的发展

人对周围环境的信息大多数是通过视觉系统获得的。视觉主要是对物体所展现的复杂信息的察觉和辨认。新生儿已经有了瞳孔短暂的原始注视，目光能跟随近距离缓慢移动的物体，能在20厘米处调节视力和协调两眼。但总体而言，新生儿视觉调节机能较差，视觉的焦点很难随客体远近的变化而变化。在最初的2～3周内，难以形成视觉集中。同时，新生儿视野比成人狭窄。

婴儿从 1 个月开始出现头眼协调，眼在水平方向跟随物体在 90 度范围内移动。2 个月的婴儿表现出较明显的视觉集中现象。3 个月的婴儿视觉调节范围扩大，头眼协调好，仰卧时水平方向视线可达 180 度，能看见直径 0.8 厘米的物体，眼睛能追随物体做圆周运动。4 个月的婴儿能改变晶状体的形状以看清不同距离内的客体。婴儿从三四个月起就能分辨彩色与非彩色。6 个月的婴儿，其视线能跟随在水平及垂直方向移动的物体移动，能看到远距离的物体，并能主动观察事物。8 个月的婴儿开始出现深度知觉。9 个月的婴儿能较长时间地看相距 3 ～ 3.5 米以内物体的活动，喜欢鲜艳的颜色。18 个月的幼儿能区别形状。2 岁的幼儿会区别直线与横线，喜欢看图画。3 岁的幼儿能区别基本色（红、黄、蓝、绿等）。

通过美国发展心理学家罗伯特·范兹（Robert Fantz）的刺激偏好程序的创新，人们发现，婴幼儿对一些视觉刺激有特殊的偏好，这些刺激很容易引起他们的注意，如鲜艳的色彩、运动中的物体、物体轮廓线密集的地方或黑白对比鲜明处、正常人脸、曲线或同心圆图案等。这种偏好也表明婴幼儿对所接触的外部事件具有选择性。这个研究发现对于成人为婴幼儿提供丰富环境很有指导意义。随着年龄的增长，婴幼儿这种受外界刺激的控制作用逐渐为经验所调整。

（二）婴幼儿听觉的发展

大约 100 年前，德国心理学家普莱尔提出"所有婴儿刚刚生下时都耳聋"。因为出生后的几个小时内，内耳中的液体妨碍了婴儿听觉能力的准确测量。1983 年，廖德爱、黄华建研究得出结论：出生第一天婴儿已有听觉反应。新生儿的听觉反应是极其充分的，能对声音定位、能区别不同强度和时间的声音等。婴儿早期对声音的感觉和知觉和辨别主要表现在对声音的注意和定位、对语音的辨别上。新生儿对听起来更像人们说话的音高和频率的声音颇为敏感。刚出生几个小时的新生儿就表现出对声音的粗略定位能力，他们能够将头转向声源方向；但到 4 个月时婴儿对声音定位才较为准确；6 个月婴儿对母亲的语音有反应；9 个月婴儿会寻找来自不同高度的声源；1 岁幼儿能听懂自己的名字；2 岁幼儿能听懂简单的吩咐；3 岁幼儿可精细区别不同的声音。

（三）婴幼儿肤觉的发展

肤觉是人最早出现的感觉。肤觉包括温觉、痛觉、触觉等。

温觉：新生儿触觉已经很发达，皮肤对刺激物的敏感性已经接近成人，新生儿对冷热的感觉非常灵敏。痛觉：新生儿对痛觉反应迟钝，婴儿从第 2 个月起才对痛刺激表示痛苦。触觉：胎儿在第 49 天开始就已经具有初步的触觉反应，新生儿凭口腔触觉辨别软硬不同的乳头，4 个月以后的婴儿具有成熟的用手够物行为。

（四）婴幼儿味觉和嗅觉的发展

味觉是选择食物的重要手段，是新生儿出生时最发达的感觉。新生儿能以面部表情和身体活动等方式对甜、酸、苦、咸 4 种基本味道做出反应，这表明他们已具有了辨别能力。婴儿的嗅觉功能在出生 24 小时后就有所表现，并能形成嗅觉的习惯化和嗅觉适应。出生一周的婴儿能够辨别不同气味，且表现出对母亲体味的偏爱。人的嗅觉改善延续到成年，到老年又衰退。人的嗅觉敏感度的个体差异很大。

【知识拓展】

有研究表明，新生儿对不同味觉物质已经有了不同反应，但是味觉并不是很敏感。让出生 1～15 天的新生儿品尝糖水、盐水、奎宁水、柠檬酸溶液（这通常用来代表 4 种基本味觉：甜、咸、苦、酸），他们对不同浓度的溶液有不同的反应，对浓度大的糖水能引起吸吮动作，对浓度大的奎宁水表示不接受，而对浓度大致相同的淡溶液则没有表现出明显的反应。此外，新生儿对浓度较大的柠檬酸溶液反应比成人强烈，而对引起成人强烈反应的奎宁水则表现平淡。3～4 个月的婴儿对各种主要物质的溶液都能精确分辨。

二、婴幼儿知觉的发展

婴幼儿知觉的发展表现为大脑皮层不同区域的协调活动共同参加对复合刺激的分析和综合。半岁到 3 周岁左右是婴幼儿各种知觉能力快速发展的时期。

（一）空间知觉

空间知觉是由视觉、听觉、触觉和动觉联合活动而形成的复杂知觉，包括形状知觉、深度知觉和方位知觉。

1. 形状知觉

通过习惯化研究，人们证明 3 个月的婴儿已有分辨简单形状的能力，婴儿从小就具有模式化的、有组织的视觉世界。他们偏爱一定程度的复杂世界、信息量多的图形和对他们具有社会性意义的某些形状，不喜欢没有图案的模式。

【知识拓展】

新生儿和婴儿能力的发现来自于研究方法上的新突破。习惯化范式（habituation—paradigm）和优先注视范式（preferential looking paradigm）等都是揭示婴儿感觉和知觉能力的关键性研究方法。

习惯化范式又称习惯化与去习惯化。习惯化是指婴儿对多次呈现的同一刺激的反应强度逐渐减弱，乃至最后形成习惯而不再反应。去习惯化是指在习惯化形成之后，换一个新的不同刺激，反应又会增强。习惯化和去习惯化的整个过程合称为习惯化范式。这

种研究方法能够揭示出我们以前无法了解的婴儿早期感觉和知觉能力。婴儿在这个时期
具有的感觉和知觉能力，对他们的心理发展有重要意义：婴儿早期能辨别新旧不同的刺
激，使他们在复杂的环境中具有选择性反应，以利于适应环境；他们把注意力移向新事物，
利于扩展经验，学习新知识。

2. 深度知觉

深度知觉是距离知觉的一种。参见吉布森和沃克的"视崖"实验（Gibson & Walk，1961），
如图 2-5 所示。这个实验表明，婴儿早在 6 个月就有了深度知觉，但还不能由此断定深度知觉
是先天的，因为它很可能是在婴儿出生后的 6 个月中学会的。

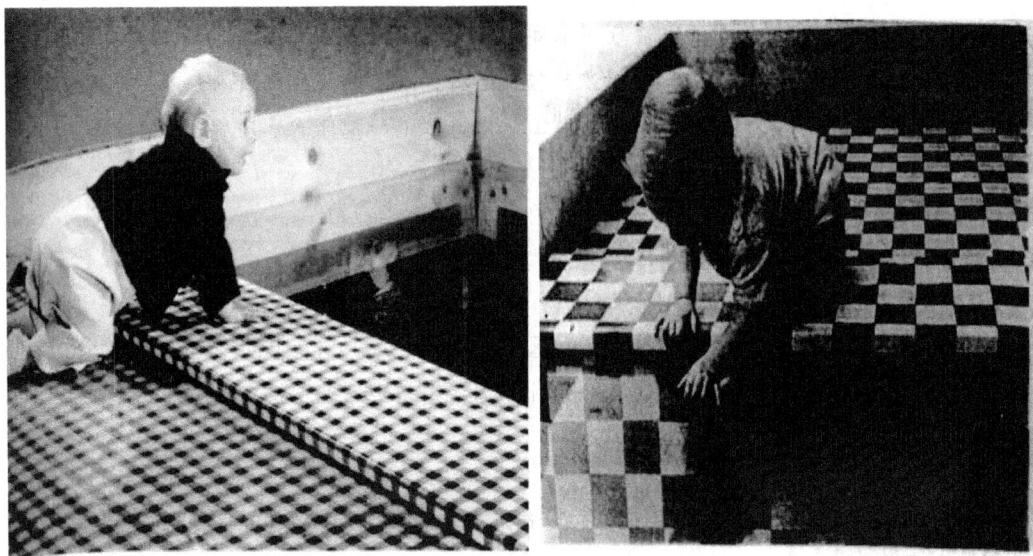

图2-5 视崖实验

3. 方位知觉

方位知觉是指对物体的空间关系和自己的身体在空间所处位置的知觉，包括上和下、前和
后、左和右、东和西、南和北的辨别。新生儿具有基本的听觉定向能力。0～3 岁婴幼儿对外
界事物的方位知觉是以自身为中心进行定位的。

（二）时间知觉

时间知觉是指人对客观现象的延续性、顺序性和速度的反映。时间具有非直观性，没有看
得见的形式，也没有相应的感觉器官。对时间的感觉和知觉具有相对性和主观性的特点。所以，
在 3 岁以前，学前儿童的时间知觉不稳定、不准确，也不会使用时间标尺。

婴幼儿期是个体感觉和知觉发展的最重要时期，也是感觉和知觉发展最迅速的时期，更是
幼儿教师或家长对学前儿童感觉和知觉能力发展进行干预和训练的宝贵时期。

第三节 **3～6岁幼儿感觉和知觉的发展**

一、幼儿感觉的发展

（一）视觉

幼儿视觉的发展主要表现在视觉敏锐度和颜色视觉这两方面。

1. 视觉敏锐度

视觉敏锐度是指人分辨细小物体或远距离物体的细微部分的能力，也就是人们通常所说的视力。以在检测视力时使用的视力表（E字形和C字形）为例，E字形视力表设计的依据就是视觉敏锐度理论：检测表上E字形字体越小，E字形的三条横线（细微部分）越趋向于重合，就越难以辨别。因此，我们可以根据人们报告出不同大小E字形开口方向的情况来测定他们的视力。

人们通常认为幼儿年龄越小，视力越好，可事实上并非如此。幼儿的视觉敏锐度随着年龄增长不断地提高。例如，研究者对4～7岁的儿童进行调查，让儿童在一定距离内看白色背景上画有缺口的圆圈，测量他们能看出的缺口的距离，结果是，4～5岁儿童能看到的平均距离为207.5厘米，5～6岁儿童平均距离为270厘米，6～7岁儿童平均距离为303厘米。如果以6～7岁儿童视觉敏锐度的发展程度为100%的话，那么，4～5岁儿童为70%，5～6岁儿童为90%。因此，5岁是儿童视觉敏锐度发展的转折期。

【思考】

在现实生活中，在幼儿视力发展的过程中有哪些需要注意的地方？

根据幼儿视力发育的特点，4岁以前，教师或家长不宜让幼儿在光线不足或光线较强的环境中做较精细的活动，不要让幼儿看画面或字体很小的图书；为幼儿准备教具时，应注意年龄越小，字、画应该越大；上课时，不要让幼儿坐在离图片或实物太远的地方，以免影响幼儿的视力及课堂效果。

小资料：幼儿视力缺陷的检测方法

1. 突然地将手或其他物体放在孩子眼前，如不能引起眨眼反射，就是视力不正常的一种表现。

2. 孩子对眼前出现的小玩具，没有追随或去抓拿，是视力不正常的表现。

3. 一只眼被遮挡时，孩子没有用手拨开，也不哭闹，表明该眼视力极差。

4. 看东西时歪头，医学上称为"代偿头位"。表明两眼视力不平衡。如果将孩子的一只眼睛盖起来，"代偿头位"减轻或消失，证明歪头是因为视力缺陷引起；如果遮住一只眼睛后，头位不改善，则是"斜颈"，而非视力问题。

5. 看东西时，眼靠得过近；画画或写字时，鼻子贴近纸面；看电视时，需要尽量靠近电视机；看远处时，皱着眉头或眯缝眼睛。上述都是视力不正常的表现。

6. 孩子有畏光现象，在阳光下常常把视力差的眼睛闭上，多是弱视造成的。

2. 颜色视觉

颜色视觉是指人区别颜色细微差别的能力，又称辨色能力。幼儿的颜色视觉发展有如下特点。

（1）3～4岁：幼儿能初步辨认红色、橙色、黄色、绿色、蓝色等基本色。但在辨认紫色等混合色、蓝色与天蓝色等近似色时，往往比较困难，也难以说出颜色的正确名称。

（2）4～5岁：大多数幼儿已能区分基本色与近似色（如黄色与淡棕色），能够经常地说出基本色的名称。

（3）5～6岁：幼儿不仅能认识颜色，在画图时还能运用各种颜料调出需要的颜色，而且能正确地说出黑色、白色、红色、蓝色、绿色、黄色、棕色、灰色、粉红色、紫色、橙色等颜色名称。幼儿的颜色视觉存在个别差异，适当的练习有利于提高他们的颜色视觉敏感程度。在幼儿园中，教师要注意为幼儿提供色彩丰富的环境，使幼儿多接触各种颜色，并经常辅导幼儿做颜色辨认练习，在教学和游戏中注意指导幼儿掌握正确的颜色名称。

天津市幼儿师范学校曾对3～7岁儿童进行颜色辨认能力的综合研究。研究结果表明，3～4岁儿童已经能初步辨认出红、橙、黄、绿、天蓝、蓝、紫7种颜色，各年龄组儿童按照范例正确选择颜色的百分率都很高。但是，按颜色名称正确选择的百分率稍低，自己选择说出颜色名称的百分率更低。他们最容易掌握的颜色名称是红，其次是黄、绿，随着年龄增长，他们对颜色名称的掌握会不断提高。

幼儿的颜色视觉有个别差异，也有性别差异。一般说来，女孩的辨色能力比男孩强。幼儿颜色视觉的能力通过适当的训练可大幅提高。

（二）听觉

听觉是人在特定范围内的声波刺激耳膜后产生的反应。幼儿通过听觉辨别周围事物发出的各种声音，辨认周围人们所发出的语音，进而促进其言语的发展。

1. 听觉感受性

听觉感受性包括听觉的绝对感受性和差别感受性。绝对感受性是指人分辨最小声音的能力，差别感受性则指人分辨不同声音的最小差别的能力。幼儿的听觉感受性有很大的个体差异。研究表明，儿童在12岁之前听觉感受性一直在增长，6～8岁间几乎增加一倍。在幼儿园中，幼儿教师可以利用音乐教学和音乐游戏来促进幼儿听觉感受性的发展。

2. 言语听觉

幼儿对语音的辨别是在言语交际过程中发展和完善起来的。幼儿在4～5岁可以辨别语言的细小差别；到 5 ～ 6 岁，幼儿基本上可以辨别本民族语言包含的各种语音。幼儿教师应经常对幼儿进行听力方面的检查，及时发现听力有缺陷的幼儿，尤其要注意幼儿的"重听"现象。

小资料：幼儿的"重听"现象

"重听"现象是幼儿听力表现的一种特殊现象，即有些幼儿对别人的话听得不清楚、不完整，但他们常常能根据说话者的面部表情、嘴唇动作以及当时说话的情境，猜到说话的内容。这种现象只发生在个别幼儿身上。

造成幼儿出现"重听"现象的原因主要有两个：一是幼儿的听觉器官（主要是耳）出现问题，导致幼儿听力上的缺陷；二是幼儿注意力不集中。作为成年人，对这两种情况应及时发现并加以解决：一是经常对幼儿进行听力检查，及时发现幼儿的听力缺陷，做到早检查、早发现、早治疗；二是培养幼儿良好的注意力。幼儿年龄小，注意力容易分散，造成这种情况的原因，可能是幼儿身体疲倦，可能是情绪不稳定，还有可能是对学习的内容不感兴趣等。排除了这些干扰，有了良好的注意作为基础，再加上对幼儿的听力进行认真训练（如采取老师讲，幼儿复述故事等方法），就可逐步恢复幼儿的听力，"重听"现象也就可以被纠正了。

小资料：中耳炎

中耳炎是一种比较常见的耳病，它分为非化脓性（卡它性中耳炎）和化脓性两种。中耳炎的主要症状是耳部有阻塞感，伴有耳鸣。得了化脓性中耳炎的病人，鼓膜会发生穿孔，脓液流出外耳道后，耳痛会明显减轻、好转，但是随着天气、情绪变化，病情也会变化。在中耳化脓感染期间，听力明显下降，伴耳鸣，在鼓膜穿孔后，听力反而稍微好转。

中耳炎发病的主要原因：游泳时擤鼻不当，或潜水、仰游时的方法不好，使得水从鼻腔侵入中耳。因此，人们游泳时须注意正确的姿势，防止鼓膜破裂和中耳发炎。初学跳水如果没有掌握好头部姿势，使耳对着水面跳下，也会导致鼓膜压破。注意不要用尖锐的东西（如发夹、绒线针等）挖耳，以免碰伤鼓膜。最好戒除挖耳的习惯。

（三）触觉

触觉是肤觉和动觉的联合，是幼儿认识世界的重要手段。它可以使人在触摸中感觉和知觉物体的大小、形状、软硬、轻重、粗细、光滑和粗糙等属性。触觉的绝对感受性在婴儿很小的时候就发展起来了，在学前期，这种感觉的感受性逐渐提高。例如，在某项实验中，要求幼儿不用眼睛看，而用手去掂量物体的重量。年龄大的幼儿比年龄小的幼儿对物体重量的估计错误率低很多。另外，不同年龄阶段的幼儿运用掂量的方法不同。4 岁幼儿估计重量多用两个物体同时比较的掂量法，而 6 岁幼儿则可以采用先估计一个，再估计另一个的相继比较方法。

二、幼儿知觉的发展

（一）空间知觉

1. 方位知觉

3～6岁幼儿方位知觉发展的顺序是：上、下、前、后、左、右。3岁幼儿能辨别上和下，4岁幼儿开始辨别前和后，5岁幼儿开始能以自身为中心辨别左和右，6岁幼儿能较轻松地辨别上、下、前、后4个方位。

由于幼儿辨别空间方位是从以自身为中心辨别过渡到以其他客体为中心辨别的，因此，教师在音乐、舞蹈、体育等教学活动中，要用"照镜子式"的方法示范动作，即以幼儿的角度来做示范动作。例如，要想让面站立的幼儿举起左手，教师示范时自己要举起右手；否则，幼儿会顺着教师的方向，错误地伸出同侧的手。

2. 形状知觉

幼儿的形状知觉发展很快。小班幼儿能辨认圆形、方形和三角形；中班幼儿能把两个三角形拼成一个大的三角形，把两个半圆拼成一个圆；大班幼儿还能认识椭圆形、菱形、五角形、六角形和圆柱体，并把长方形折成正方形，把正方形折成三角形。研究表明，幼儿掌握形状的次序（由易到难）依次是：圆形—正方形—三角形—长方形—半圆形—梯形—菱形—平行四边形。4岁是幼儿形状知觉最为敏感的时期。

3. 距离与深度知觉

距离与深度知觉是指一个人判定物体与物体之间以及物体与人之间距离的一种能力。幼儿能分清熟悉的物体或场所的远近，对于比较广阔的空间距离还不能正确认识。幼儿对于透视原理还不能很好掌握，不熟悉"近物大，远物小"等感觉和知觉距离的视觉信号。所以，幼儿画出的物体也是远近大小不分的。

（二）时间知觉

时间很抽象，为了正确地感觉和知觉它，人总是通过某种衡量时间的媒介来反映时间的。小班幼儿已经具有初步的时间概念，但往往与他们具体的生活活动相联系。如"早晨"是起床、上幼儿园的时候；"下午"是从幼儿园回家的时候；"晚上"是睡觉的时候。而对于"昨天""今天""明天"等带有相对性的时间概念就难以正确掌握。

中班幼儿会运用"早晨""晚上"等词语，也可以正确理解"昨天""今天""明天"。但对于"前天""后天"等较远的时间概念就不是很理解，需要结合具体的事情去理解。例如，教师通知幼儿后天开运动会，要解释说"后天就是睡了一个晚上，过了一天，再睡一个晚上就到了"。

大班幼儿能分清"上午""下午"，开始能辨别"前天""后天"，知道星期几，但对于更短的或更远的时间概念就很难分清，如"马上""从前"等。

三、观察力的发展和培养

观察是一种有目的、有计划、比较持久的知觉过程，是知觉的高级形态，是人从现实中获得感性认识的主动积极的活动形式。观察力的培养和发展，对幼儿掌握知识、发展心理、认识世界具有重要的作用。但是由于幼儿观察能力不强，观察不认真、不细致，所以他们对事物的认识往往是笼统、粗略的，对事物的印象也只能是表面、片面、零碎的。因此，教师在发展和培养幼儿的观察力时要注意以下几点。

（一）明确观察的目的和任务

幼儿常常不能进行自觉、有意识的观察，他们的观察或事先无目的，或易于在观察中忘记，很容易受外界刺激和个人情绪、兴趣的影响。因此，给幼儿提出的观察目的和任务一定要明确。

资料：心理小实验

有人做过这样的实验：请两组幼儿观察两张初看完全相同的图片。对其中一组幼儿在观察前讲明这两张图片有 5 处不同；对另一组幼儿只笼统地要求他们找出两张图片的不同之处，而不告诉他们共有几处不同。结果前一组幼儿平均找出 4.5 个不同，后一组幼儿平均找出 3.7 个不同。由此看出，观察目的和任务的明确程度，会直接影响到观察的效果，目的、任务越明确，效果越好。

例如，教师组织了一次班级主题活动——观察各种各样的车。为了让幼儿对各种车辆有较直观的感觉和知觉，使该主题的一系列活动能较好地完成，在带幼儿到马路上观察各种各样的车之前，教师对幼儿说："老师今天要带小朋友们到马路上看看有些什么车？这些车装载了什么？它们的外形有什么不一样？看看哪个小朋友看得最认真。"由于明确了观察的目的，幼儿在观察时就能够按照要求去观察所有驶过该条马路的车辆名称、车辆装载了什么，它的外形有什么特征等。这样就使接下来的教学活动能较好地完成。

（二）在观察中培养幼儿的概括能力

幼儿在观察时，往往不能把事物的各个方面联系起来综合考察，因而也不能发现各事物或事物组成部分之间的相互联系。在观察中培养幼儿的概括能力，首先要引导幼儿多观察自然。大自然是孩子最好的老师，自然现象既为幼儿提供了丰富的感性知识，也有助于促进幼儿观察能力和概括能力的发展。其次，要引导幼儿多动手实验。比如，教师组织幼儿栽种植物，从种植到浇水、施肥等都让幼儿自己动手，让他们实际了解植物生长与阳光、水分之间的关系，这无疑比单纯用语言讲解的效果要好得多。这样不仅可以增强幼儿观察的兴趣，更主要的是能够帮助幼儿发现事物之间的内在联系，从而使幼儿概括事物主要特征的能力不断得到锻炼和提高。

（三）让幼儿掌握正确的观察方法

由于受到经验和认识能力的限制，幼儿在观察客观事物时往往抓不住要点，缺乏一定的顺序性。因此，教师应教给幼儿正确的观察方法，让幼儿按一定的顺序进行观察，学会从上到下、由里到外、从左到右、从远至近（或由近及远）、由整体到局部有顺序地观察。如认识动物，应该从头、颈、身体、四肢、尾这样的顺序分部分地观察；认识水果，一般由表及里地去观察。另外，教师还可以教幼儿根据事物的主要特征进行比较观察。例如，教师教幼儿认识苹果和梨子时，可以让幼儿把两者放在一起对比，看看它们的外形、表皮及果肉、果核有什么异同；通过对照、比较，幼儿对苹果和梨子的分辨就更清楚、更明确了。

（四）启发幼儿运用多种感觉器官参与活动

客观事物的特征是多方面的，如色、香、味、软硬、光滑、粗糙、大小、冷热、形状、声音等。在幼儿观察时，教师要帮助他们充分运用视觉、听觉、味觉、触觉、嗅觉等感官去感觉和知觉事物各方面的特征，让幼儿多看、多想、多听、多讲、多摸一摸、多闻一闻，以加深幼儿对事物的印象。多渠道的活动不仅有利于幼儿形成对物体的立体知觉和印象，同时也有利于提高其大脑皮层分析综合活动的状态和活力。如认识水时，教师可以让幼儿看一看、闻一闻、尝一尝、倒一倒。幼儿运用了多种感官感觉和知觉，就能知道水是透明的，是无色、无味、可以流动的液体等。再如，观察兔子，不但可用视、听感官进行感觉和知觉，也可以用手摸一摸兔子的皮毛以体验毛茸茸的感觉，还可以让幼儿学一学兔子是怎么跳的，从而帮助幼儿形成有关兔子的完整印象。总之，调动幼儿多种感官参与观察活动的教育方法，不仅能让幼儿学得积极、生动、愉快，还可以培养和训练幼儿各种感官的敏捷性。

【本章小结】

感觉是人脑对直接作用于感觉器官的客观事物的个别属性的反映。

知觉是人脑对直接作用于感觉器官的客观事物的整体属性的反映。

感觉的种类是根据感受器的特点以及它所反映的最适宜刺激物的不同而划分的。感觉可以分为两大类：外部感觉和内部感觉。

根据知觉过程中起主导作用的感受器的不同，可以把知觉分为视知觉、听知觉、嗅知觉、味知觉和肤知觉等。

感觉适应是指由于刺激物对感受器的持续作用，从而使感受性发生变化的现象。感觉对比是指感受器接受不同刺激物而使感受性发生变化的现象。

知觉的特性：知觉的选择性、整体性、理解性和恒常性。

视觉的发展主要表现在 4 个方面：光的觉察、视觉集中、视敏度和颜色视觉。

听觉感受性包括听觉的绝对感受性和差别感受性。

触觉是肤觉和动觉的联合，是学前儿童认识世界的重要手段。

空间知觉是一种比较复杂的知觉，是由视觉、听觉、触觉等多种感受器联合活动的结果，包括对方位、距离（或深度）、形状、大小等的辨别，是用多种感官进行的复合知觉。

时间知觉是指人对客观现象的延续性、顺序性和速度的反映。

观察是一种有目的、有计划、比较持久的知觉过程，是知觉的高级形态。

【思考与练习】

一、名词解释

1. 感觉

2. 知觉

3. 观察

二、填空题

1. _____ 是婴儿认知发展过程中的重要里程碑，也是手的真正探索活动的开始。

2. 空间知觉包括 _____、_____、_____。

3. 学前儿童方位知觉的发展趋势：3 岁学前儿童辨别 _____，4 岁学前儿童开始辨别 _____，5 岁学前儿童开始以自身为中心辨别 _____。_____ 岁，对以左右方位的相对性来辨别左右仍感困难。

4. _____ 是指对物体的空间关系和自己的身体在空间所处位置的知觉。

5. _____ 是对客观现象的延续性、顺序性和速度的反映。

6. 教师要注意学前儿童听觉方面的缺陷，尤其注意 _____ 现象。

7. 学前儿童辨别方位的顺序是 _____、_____、_____。

8. 观察是一种 _____、_____、_____ 的知觉过程，是知觉的高级形态。

三、单项选择题

1. 学前儿童方位知觉掌握的顺序是（　　）。

    A. 上下、左右、前后

    B. 左右、前后、上下

    C. 前后、上下、左右

    D. 上下、前后、左右

2. 教师的板书、挂图和实验演示应当突出重点，教学指示棒的颜色与直观教具的颜色不要接近。这是利用了（　　）。

A. 知觉中整体性规律

B. 知觉中刺激物本身各部分的组合规律

C. 知觉中对象与背景的差别的规律

D. 知觉中对象的理解性规律

3. 学前儿童看到桌上有个苹果时，所说的话中体现"知觉"活动的是（　　　）。

A. "真香！"

B. "我要吃！"

C. "这是什么？"

D. "这儿有个苹果。"

4. （　　　）是指精确地辨别细微物体或具有一定距离的物体的能力，也就是发觉一定对象在体积和形状上最小差异的能力。

A. 视觉敏度

B. 颜色视觉

C. 精细视觉

D. 以上说法都不对

5. 学前儿童客观现象的延续性和顺序性的反映，称为（　　　）。

A. 方位知觉

B. 形状知觉

C. 时间知觉

D. 深度知觉

6. "视觉悬崖"可以测试婴儿的（　　　）。

A. 距离知觉

B. 方位知觉

C. 大小知觉

D. 形状知觉

7. （2013年真题）由于幼儿是以自我为中心辨别左和右的，幼儿教师在做动作示范时应该（　　　）。

A. 背对幼儿，采用镜面示范

B. 面对幼儿，采用镜面示范

C. 面对幼儿，采用正常示范

D. 背对幼儿，采用正常示范

四、判断题

1. 年龄越小，视力越好。（　　　）

2. 3 岁学前儿童已能初步辨认红、绿、黄、蓝等基本色，也能正确说出颜色名称。(　　)

3. 学前儿童听觉感受性有很大的个体差异。(　　)

4. 学前儿童听觉感受性的个体差异是天生不变的(　　)

5. "重听"是学前儿童视觉方面的缺陷。(　　)

6. 3 岁学前儿童能区别一些几何图形。(　　)

7. 5 岁学前儿童能正确辨别各种基本的几何图形。幼儿叫出图形名称比辨认图形要早。
(　　)

8. 三四岁的学前儿童已具备了明确的时间概念。(　　)

五、简答题

1. 如何理解感觉和知觉在学前儿童心理发展中的意义？

2. 简述学前儿童的方位知觉、形状知觉、时间知觉发展的一般规律。

3. 试述学前儿童观察力发展的特点。

4. 简要回答学前儿童观察力发展的趋势。

5. 如何培养学前儿童的观察力？

第三章
学前儿童注意的发展

【学习目标】

    1. 正确理解和掌握注意的概念、注意的种类，及其引起和保持有意注意与无意注意的条件

    2. 了解学前儿童注意发展的特点，学会利用注意规律组织幼儿园的教育和教学

    3. 理解注意的品质，了解学前儿童注意品质的发展特点

    4. 了解学前儿童注意分散的原因，掌握防止注意分散的对策

【学习重点和难点】

    重点：

1. 注意的概念及特性，引起和保持有意注意与无意注意的条件

2. 学前儿童注意分散的原因及预防

    难点：

注意与心理过程，注意的品质

【引入案例】

宝宝是家里的独生子，爸爸、妈妈都很宠爱他。宝宝要什么给什么，想做什么就做什么。而且，宝宝的爸爸、妈妈总想着法子逗宝宝开心，一个活动还没有结束，立即由用新活动来吸引宝宝。宝宝总是不停地变化活动，很难集中精力做一件事情。宝宝上幼儿园后直到大班下学期时，仍不能集中注意力。需要集中注意力参加活动时，他总爱在地上乱跑，与小朋友聊天、嬉闹等，注意力极易分散。

学前儿童注意力的发展是认知发展的重要表现，其具备哪些特征、会出现哪些问题、如何发展学前儿童的注意力这些问题将在本章得到解答。

第一节 注意概述

一、什么是注意

（一）注意的含义

注意是指人的心理活动对一定对象的指向和集中。我们通常所说的"专心致志""聚精会神"主要就是指"注意"。

扫一扫3-1 注意的概述

（二）注意的基本特点

指向性和集中性是注意的两个特点。

1. 指向性

心理活动在某一时刻总是有选择地朝向一定的对象。指向性是指人的心理活动反映的对象和范围。

2. 集中性

集中性是指人的心理活动在特定的对象上保持并深入下去。集中性使特定对象得到鲜明而清晰的反映，而其他事物则处于注意的边缘，人对其反映比较模糊，或根本不加以反映，产生"视而不见、听而不闻"的效果。

（三）注意的外部表现

注意的外部表现体现在以下几个方面。

1. 适应性运动

人在注意听一个声音时，耳朵转向声音的方向，所谓"侧耳倾听"。人在注意看一个物体时，把视线集中在该特体上，目不转睛、长时间注视等。

2. 无关运动的停止

人在注意时会自动停止与注意无关的动作，全部心理活动集中于需要注意的对象上。

3. 呼吸运动的变化

人注意力集中时，呼吸变得轻微而缓慢。一般来说，吸气短，呼气长，甚至出现屏息静气的现象。

一般来说，姿态端庄、面部表情严肃、目光注视教师是集中注意的表现，而懒洋洋的状态、东张西望的眼神或表情凝滞、呆若木鸡，常常是注意分散的表现。

注意的外部表现有可能与内部状态不一致。例如，有时人在目不转睛时，看似在集中注意力，其实是在走神。

（四）注意与心理过程

1. 注意是心理活动的重要特性，但不是独立的心理过程

注意总是在感觉、知觉、记忆、想象、思维、情感、意志等心理过程中表现出来，是各种心理活动的共性，它不能离开一定的心理过程独立存在。例如，教师在教学中常常提醒学生"注意了""请注意"，实际上是在提醒注意指向和集中的内容，如注意听讲，注意看黑板、注意记内容，注意想问题等。只不过把后面的内容省略了。

2. 注意是一种伴随状态

注意始终伴随着心理过程的发生、发展。离开了注意，心理过程就无法进行。

二、注意的功能

注意对于一般动物来说具有重要的生存意义。对人类来说，由于人的心理活动中有了语言的参与，注意更具有了特殊的意义。概括地说，注意有下列 3 种功能。

（一）选择功能

如果没有注意，心理活动便很难正常进行。例如：学习时，注意使学前儿童专心听讲，不受其他刺激干扰。

（二）保持功能

注意使反映的对象一直维持在意识中，直到目的达到为止。例如：学前儿童，如果把注意力集中在画画上，就能一直专心致志，直到画完为止。

（三）调节监督功能

有些学前儿童的心理活动之所以不能坚持达到预定目的，往往是由于他们注意的调节监督机能没有完善发展或没有很好地发挥作用。

注意对人类具有很大的意义。在实际生活中，人们常常采取适当措施激发自己的注意，以提高意识的作用、确保行动的安全。例如：夜间施工现场亮起红灯，以引起人们的注意；消防车奔赴火场时鸣起警笛，以引起行人和司机的注意。

学前教育工作者要研究学前儿童注意的发展特点和规律，在学习、游戏等活动中运用这种规律引起学前儿童的注意，从而获得更好的教学效果。例如，教师给学前儿童朗诵诗歌、讲故事时，可以配上几幅色彩美丽的图片，使视、听结合。这样，学前儿童的注意力会比单纯听教师口头讲述保持得久些。如果教师不用图片而改用能动可变的活动教具，边朗诵边操作活动教具，进行表演，学前儿童会更有兴趣，在更长时间内保持专心致志。

三、注意的种类

根据注意时有无目的性和意志努力的程度，注意可以分为有意注意、无意注意和有意后注意。

（一）无意注意

无意注意也叫不随意注意，是指事先没有预定目的，也不需要意志努力的注意。如上课时，一个同学的文具盒掉在地上，大家会不由自主地转头朝向他。

引起无意注意的因素主要有两个方面：一是刺激物本身的特点，二是人本身的状态。

1. 刺激物本身的特点

（1）刺激物的强度。强烈的刺激，如强烈的光线、巨大的声响、浓郁的气味，较易引起人的无意注意。刺激物的强度有相对强度和绝对强度。刺激物的相对强度在引起无意注意时更具有重要意义。

（2）刺激物的新异性。新异刺激物易引起人的无意注意。新意刺激不仅指从未见过的事物和信息，还指熟悉对象间的奇特组合，例如：教师的新装。

（3）刺激物的运动变化。运动的刺激物容易引起人的无意注意，例如闪亮的霓虹灯，教师上课时突然放慢声音或突然停顿，都会引起学生的注意。

（4）刺激物的对比性。刺激物在形状、大小、颜色或持续时间等方面的差异特别显著或对比特别鲜明，容易引起人的无意注意。例如"鹤立鸡群""万绿丛中一点红"等情况。

2. 人本身的状态

当电视机里面播的球赛特别精彩的时候，喜欢的人会不自觉地被吸引，不喜欢的人则会充耳不闻。主观条件主要包括兴趣、需要、态度、情绪等。

（1）需要和兴趣。学前儿童处于某种需要状态下或者对某种事物感兴趣就会产生无意注意。如学前儿童在自选游戏中，首先引起他注意的是他最感兴趣的玩具。性别不同，对玩具的兴趣也有所差异，引起学前儿童注意的是他们喜欢的玩具。比如，男孩注意汽车，女孩注意芭比娃娃。

（2）情绪和情感。人在心情好的时候，容易注意周围事物的发展与变化；人在情绪不佳的情况下，则无心注意周围的一切。

（二）有意注意

有意注意即有预定的目的，并需要一定努力的注意，又称随意注意。有意注意是人特有的注意形式。例如，同学们在听课，忽然从窗外传来动听的歌声，我们可能不由自主地倾听歌声，这是无意注意。但由于我们认识到学习的重要性，因而迫使自己把注意力集中在听课上，这就是有意注意。再如，学前儿童想用积木搭一个动物园，他就要集中注意，不受其他事物干扰，坚持把它完成，这就是有意注意。

有意注意有两个特征：一是有预定的目的，二是需要意志的努力。有意注意受意识的调节和支配。引起和保持有意注意的因素有很多，主要表现在以下几个方面。

1. 加深对目的与任务的理解

一个人面对的活动任务越明确，对活动意义的理解越深刻，就越能引起和维持有意注意。

2. 培养间接兴趣

间接兴趣是个体对活动结果的兴趣。对活动的间接兴趣有助于保持有意注意。间接兴趣越浓厚，就越易集中注意。

3. 用坚强的意志抗干扰

一个认真负责、吃苦耐劳、坚毅顽强的人易于克服各种不良刺激的干扰，抵御各种诱惑，长时间保持有意注意。

4. 合理地组织活动

精心组织的活动有助于人保持有意注意。教师应尽可能把智力活动与实际操作、技能练习联系起来，很好地组织各种活动，从而防止幼儿因单调而产生的疲劳、分心。

【知识拓展】

双耳分听实验，是彻里（Cherry）1953年及格雷（Gray）1960年的实验。它的本质是让被试的双耳同时听见不同的信息。要求被试重复一只耳朵（追随耳）听到的信息，而忽略另一只耳朵（非追随耳）所听到的信息。在实验中，彻里给被试的两耳同时呈现两种材料，让被试大声复述从一只耳朵听到的材料，并检查被试从另一耳朵所获得的信息。前者称为追随耳朵，后者称为非追随耳。结果发现，被试从非追随耳得到的信息很少，能分辨是男音或是女音，并且，当原来使用的英文材料改用法文或德文呈现时，或者将课文颠倒时，被试也很少能够发现。这个实验说明，从追随耳进入的信息，由于受到注意，因而得到进一步加工、处理；而从非追随耳进入的信息，由于没有受到注意，因此没有被人们所接受。

（三）有意后注意

有意后注意是指有目的但不需要意志努力的注意。它是在有意注意的基础上，经过学习、训练达到的。

有意后注意同时具备有意注意（又称随意注意）和无意注意（又称不随意注意）二者的部分特征。它有自觉的目的，通常与特定的目标、任务相关联（这与有意注意的目的性特征相符）；它无需意志的努力（这与无意注意的无需意志努力的特征相符）。有意后注意既遵循当前活动的目的，又不需要付出意志努力。例如，初学文言文，你可能对此不感兴趣，只是为了完成任务，这时候是有意注意。此后，随着你对基础知识的掌握，你对文言文产生了兴趣，凭兴趣可自然地将注意力集中到学习上，这时的注意就是有意后注意。有意后注意服从当前的活动目的与任务，又能节省注意的努力，因而对完成长期、持续的任务特别有利。培养有意后注意的关键在于发展对活动的兴趣。

第二节　0～3岁婴幼儿注意的发展

一、婴幼儿注意的出现

刚出生的新生儿就有注意，他们的注意实质上是先天的定向反射，这也是一个人注意的萌芽。3个月婴儿出现条件反射的定向反射。五六个月的婴儿出现不随意注意。1岁的幼儿开始出现随意注意的萌芽。幼儿不到3岁就开始出现有意注意。

二、婴幼儿注意的事物逐渐增多，范围变广

婴幼儿喜欢看清晰的图像。让30个5～12周大的婴儿看一部描写爱斯基摩人家庭生活的无声彩色影片，其中有许多面部表情的特写镜头，婴儿很快就被吸引住了。当图像模糊时，他们就移开目光。

三、婴幼儿注意的选择性倾向

婴幼儿注意的选择性带有规律性的倾向。这些倾向往往表现在视觉方面，也称为视觉偏好。

1. 婴幼儿注意选择性的特点

婴幼儿注意的选择有这样几个偏好：偏好复杂的刺激物，偏好曲线，偏好不规则的模式，好密度大的轮廓，偏好集中的刺激物，偏好对称的刺激物。

2. 婴幼儿注意选择性的变化有两个明显的趋势

第一，从注意局部轮廓到注意整体的轮廓。3 个月的婴儿的注意已经比较全面。第二，从注意形体外部到注意形体的内部。

第三节 3～6岁幼儿注意的发展

一、幼儿注意发展的主要特征

（一）幼儿的无意注意占优势

容易引起幼儿无意注意的诱因有两大类。

1. 刺激强烈、对比鲜明、新颖的事物

幼儿的注意是以无意注意为主的，那些新颖多变、刺激强烈的因素是引起幼儿无意注意的诱因。教师恰当地利用这些因素非常有利于对幼儿的教育。

（1）教师选择和制作的玩教具必须是颜色鲜明、对比性强、形象生动、新颖多变的，只有遵循这一心理规律，才能吸引和保持幼儿的注意，有效地达到活动的目标。

（2）教师讲话要符合幼儿的心理特点，同时要抑扬顿挫。这样幼儿才能够听懂教师所说的话，注意力才能被吸引。

（3）恰当安排、布置教育环境，既要排除繁杂干扰的环境因素，又要能适当引起幼儿的注意，利于幼儿正常活动的开展。

（4）教育内容、方法要新颖，使用各种容易引起幼儿注意的因素。

在恰当地利用新颖多变的因素对幼儿进行教育的同时，也要考虑到这些鲜明、多变、强烈的事物在幼儿园的活动组织中对幼儿所产生的负面影响。凡是不需要幼儿注意的东西，就不应该过于鲜艳、突出和多变。幼儿的无意注意占优势，有时老师手腕上的手表带换了，也能引起幼儿的无意注意。有一位幼儿教师烫了头发，孩子们都新奇地注视着她。老师给幼儿讲故事，孩子们的注意力却集中在老师的头发上。所以，幼儿教师在组织幼儿进行各种各样的活动时，更要注意自身形象以及容易分散幼儿注意力的那些因素，如不穿奇装异服等，否则将影响幼儿对活动保持注意。

教师在组织幼儿进行集体活动时，如果教室外面有强烈的响声干扰，那么幼儿也难以维持正常的活动，不能注意听教师讲的是什么。再如，当幼儿不注意听教师说话而喧哗吵闹时，教师用提高声音的方法有时并不能奏效。反之，教师突然停止说话或放低声音，则会引起幼儿的注意。

2. 与幼儿兴趣、需要和生活经验有联系的事物

幼儿如果兴趣、需要和生活经验丰富，会对更多的事物产生无意注意。只要是幼儿感兴趣和爱好的事物，都容易引起幼儿的无意注意。

兴趣是引起幼儿无意注意的首要因素。幼儿个性不同，引起其注意的对象也就不同。有的幼儿在街上看见汽车特别注意，而且可以注意很长时间，但对自行车则不去注意，这是因为他对汽车特别感兴趣。

需要也是引起幼儿无意注意的一个重要条件。漂亮的玩具极易引起幼儿的注意。幼儿非常喜欢玩，喜欢活动，喜欢游戏。如果有小朋友在游戏，其他小朋友就会马上引发注意并要求加入。

幼儿的生活经验也与幼儿的无意注意的产生有关。幼儿很熟悉的事物或见过的东西，就非常容易引起他们的注意。例如，听过的故事、动画音乐就很容易引起幼儿的注意，而科幻小说、新闻广播、理论书籍一般不会引起幼儿的注意。又如，幼儿经常玩的玩具或吃的东西特别容易引起他们的注意，这些都与他们的生活经验有关。

小班幼儿的无意注意占优势。新异、强烈，以及活动着的刺激物很容易引起他们的注意，但他们的注意也容易被其他新异的刺激所转移。中班幼儿无意注意进一步发展，且比较稳定，对于有兴趣的活动能较长时间保持注意。大班幼儿无意注意进一步发展和稳定，对于有兴趣的活动比中班幼儿能保持更长时间的注意，对于干扰其注意的活动会表示出不满，并设法排除。

【知识拓展】

当你给宝宝讲故事时应该关上电视吗

维尔纳和博伊科对73名7～9个月大的婴儿和49名成人的辨音行为做了比较。结果显示，当噪声和语音混杂时，婴儿比成人更容易捕获到噪声，更难捕获到语音。

实验表明，父母在给宝宝讲故事或说话时要关掉电视或收音机的声音，不然宝宝很难从嘈杂的环境中听出语音。

另外有实验表明，1～3岁长期待在电视前的幼儿，会在以后年龄阶段表现出更难集中注意力。

（二）幼儿的有意注意初步发展

有意注意是指有预定目的，需要一定意志努力的注意。有意注意是我们自觉控制的注意，它服从于我们生活、学习的需要与任务。

幼儿的有意注意主要表现在幼儿能自主控制自己的注意，其特点是有目的和需要意志努力。例如，幼儿听教师讲故事时，他一定想知道教师讲的是什么，故事里都有谁，他们在干什么。由于有这样的目的，所以幼儿就会注意听教师讲。同时，幼儿在听故事的过程中，要集中注意

力，不去做别的事，控制自己，跟着教师讲的故事去思考，直到把故事听完，这一过程就需要幼儿有一定的努力。但幼儿的有意注意还处于初步发展中，而且幼儿有意注意的目的性和自我控制力主要还依赖于成人的组织与提醒。

有意注意受脑的高级部位，特别是额叶的控制，额叶的发展比脑部其他部位迟缓，幼儿的注意要在成人的要求和教育下逐步发展。

小班幼儿逐渐能依照成人要求，指向并集中于应该注意的对象，但注意的稳定性很低。注意集中的时间是 3～5 分钟。中班幼儿的有意注意继续发展，注意集中的时间延长到 10 分钟左右。大班幼儿有意注意迅速发展，在适宜条件下，注意集中的时间可延长到 10～15 分钟。而且大班的幼儿开始对自己的情感、思想等内部状态给予注意，比如：他们能根据自己的体验去推测故事中人物的心理活动和内心想法。

幼儿有意注意产生的条件如下。

1. 幼儿的有意注意依赖丰富多彩活动的开展

幼儿的有意注意是在活动中发展起来的。在活动中，幼儿通过参与、体验活动的趣味性，努力把自己的注意力集中于活动中，并在教师的提醒下完成活动。因此，幼儿园各种游戏、活动的开展对发展幼儿有意注意的发展具有积极的作用。

2. 幼儿对活动目的、活动任务的理解程度

幼儿如果理解教师、家长让他做的事，而且知道具体的任务是什么，他们就会按要求完成任务，这一过程中幼儿是需要有意注意的。如手工活动中，教师让幼儿在纸上贴小鸟，告诉幼儿用什么形状、什么颜色的纸，那么，幼儿的粘贴活动就是按照教师要求进行的有意注意活动。因此，教师或家长让幼儿理解活动的目的、知道有什么任务，是有助于提高幼儿的有意注意的。但是，切记为幼儿提供的活动，目的必须是明了的，任务必须是简单的，而且内容是幼儿能够理解的和能够记住的。

3. 幼儿对活动的兴趣与良好的活动方式

幼儿如果对所进行的游戏或活动感兴趣，就会自觉地使自己投入活动，并且主动参与活动。例如，许多幼儿喜欢听孙悟空的故事，所以当教师一说要讲孙悟空的故事时，他们就会自觉地放下手中的事情，安静地等待，有的幼儿还会制止别的小朋友吵闹，迫切希望马上就能听到教师要讲的故事。

教师在组织幼儿进行活动时，最好把幼儿的智力活动与幼儿的实际操作活动结合起来，这样有助于维持幼儿的有意注意。例如，教师让幼儿看图画书时，可以让幼儿用手指着画，这样就可以帮助幼儿注意图画书中的内容。反之，如果让幼儿单纯坐着听讲，幼儿就不易将注意保持在这一活动上。

4. 言语指导和言语提示

成人对幼儿注意的组织经常是通过言语指示来实现的。通过言语指示，教师可以提醒幼儿

必须完成的动作，要注意哪些情况等。

例如，教师说"要搭高楼，最大的积木应该放在哪儿？小的应该放在哪儿？"幼儿就会注意大或小的积木，而且寻找适合的位置，这样可以帮助幼儿维持注意，提高幼儿有意注意的水平。此外，幼儿自我言语指示也有助于其有意注意的发展。从穆欣娜的实验中，我们可以清楚地看到言语自我指示对幼儿组织注意的意义。她要求幼儿从 10 张画着动物的卡片中挑选出指定的一张图画（例如母鸡或马）的卡片，但绝对不能选上面有被禁止的图画（如熊）的卡片。幼儿接连几次挑选卡片。最初她没有给出关于动作方式的任何指示。在这种情况下，幼儿很难完成任务，经常出错。在要求幼儿出声地重复指令后（注意地审视卡片上的图画，记住可以挑选哪些卡片、不能挑选哪些卡片），完成任务的情况便立即改变了。处于学前晚期的幼儿能够顺利地完成任务，即使加进了新的动物。在挑选卡片的过程中，幼儿为了组织自己的注意力，能主动积极地运用语言。由此可见，幼儿有意注意的形成是与言语在幼儿行为调节中的作用密切相关的。

5. 幼儿的性格与意志特点

细心、坚持性强、不肯认输的幼儿，一般易于使自己的注意服从于当前的活动和任务。如在一个活动中，教师让两位幼儿各守一个"城堡"。结果发现，一个幼儿能把自己的注意始终保持在被分配的任务上；而另一个幼儿虽然注意着"城堡"，但时间不能持久，最后竟随着奔跑的小朋友而去，忘了自己的任务。事后教师说："那个认真的孩子，你交给他什么事，他都很认真，很注意。"在实际生活中，凡是毅力强，有坚持性的人，他们的注意力都很好，善于专注于自己所做的事。反之，怕困难，坚持性差的人，注意力也往往不易保持。因此，教师要注意幼儿的这种个别差异，在活动中有目的地发展幼儿的注意力。

二、幼儿的注意品质

（一）注意的广度（注意的范围）

注意的广度也叫作注意的范围。它是指一个人在一段时间内能够清楚地察觉和把握的对象的数量。如："一目十行"就是说明一个人阅读时注意的范围比较广。心理研究发现，人的注意广度是生理性的。扩大注意的广度主要是把信息对象组成块，使各个对象之间能联系为一个整体。

扫一扫3-3 幼儿的注意品质

测验注意广度的典型方法：主试把一些画有圆点和数字的卡片各分为两组（每组 8 张，每张卡片上圆点或数字的数量在 3 ～ 15 个），分别按规则排列和无规则排列，共 4 组。主试把卡片放入速示器内，发出注意的口令后，开动速示器，呈现时间为 10MS、50MS、100MS、200MS，并让被试立即记下自己所看见圆点或数字的个数。测试后要求被试说出自己是用什么方法来知觉对象的。这一测验我们自己也可以做。

幼儿注意的范围是比较小的，但随着年龄的增长，幼儿注意的范围在逐渐扩大。一般来说，幼儿在较短的时间片段内不能注意较多的事物。有人把一幅图画给被试（幼儿或成人）看，要求被试把图画中的每一部分都看到。结果发现，幼儿比成人要用更多的时间来注意画的内容。因为在同一段时间内，幼儿能注意到的范围较小。

但在实际生活中，注意广度受许多因素的影响而有所变化。影响注意广度的因素主要有以下两个方面。

1. 注意对象的特点

从上述的小实验中我们可以发现：在活动任务相同的情况下，注意的对象排列有规律时，注意的范围就要大一些；而排列没有规律时注意范围就小些。如8个点随意散开就不如将8个点整齐有序地排列成两排的注意范围大。同样，注意对象颜色相同时注意范围大些，颜色多、杂时注意范围就小些；大小一致的对象注意范围大些，大小不一的对象则注意范围就小些；信息组块并有密切联系的对象注意的范围就大些，而信息零散毫无联系的对象注意范围就小些。可见，知觉对象是有规律、有意义的，各对象之间能建立联系并成为整体的，其注意范围就大；反之，注意的范围就小。注意对象的这些特点往往影响人的注意范围。

2. 活动的任务和个人的知识经验

一般来说，如果在活动中要求的任务比较多，那么人的注意范围就要受到一些限制。例如，教师既让学生翻译课文，又让学生找出错字，这样学生对课文注意的范围就小了。另外，一个人的知识经验也影响其注意的广度。在幼儿园工作多年的人对幼儿园的环境、工作注意的范围要比没有去过幼儿园的人广。其原因就是由于他们在这方面的经验有很大差别。而知识经验在这里起到了将各注意对象建立联系使之形成整体的重要作用。

根据注意广度的这些规律以及幼儿注意广度的特点，教师在组织幼儿进行活动的过程中，要注意以下方面。

（1）在组织活动时，应向幼儿提出明确且具体的任务，并且不能同时提出太多任务，以免影响幼儿对某一活动任务的注意范围。例如，教师出示一幅故事图画，可以根据任务有顺序地提出问题（如先问图上都有谁？）当幼儿完成了某一问题后，再提出他们都在干什么等其他问题。这样，幼儿就不至于因为注意无关细节而缩小了对主要活动任务的注意范围。

（2）在教幼儿知识或描述某一事物时，所使用的教具或所出现的事物一次呈现得不能太多。例如，教师让幼儿看图片时，不能在一开始就把所有的图片都摆放出来。因为幼儿注意的范围比较小。

（3）在组织活动时，要考虑到注意对象的特点。例如，教具等要排列有序，特点相同或相似的教具要集中排列；供幼儿注意的事物要有意义，而且事物之间要有联系。这样可以帮助幼儿扩大注意的范围，保证活动充分而有效地进行。

（4）为幼儿提供的活动应是幼儿知识经验范围以内的。因为幼儿已有的知识经验可以帮助幼儿把注意的各个对象联系起来，并且由于幼儿能够理解注意的对象，从而能扩大注意的范围。教师在组织幼儿活动时，既要了解幼儿的年龄特征和已有水平，也要不断地帮助幼儿获得较丰富的知识经验，扩大幼儿注意的范围，提高幼儿注意的水平。

（二）注意的稳定性

注意的稳定性是指注意力在同一活动范围内所维持的时间长短。注意的稳定性对幼儿活动的完成具有重要意义，幼儿要听完一个故事、做完一件手工、玩一个完整的游戏、听教师讲解一段完整的知识都离不开稳定的注意。可以说，注意的稳定性是幼儿进行活动的重要保证。幼儿注意的稳定性有如下几个特点。

1. 幼儿注意的稳定性比较差

幼儿注意的稳定性比较差，但随着幼儿年龄的增长，其注意的稳定性逐渐提高。幼儿在不同的年龄阶段，其注意的稳定性是有明显差异的。实验证明：在良好的教育环境下，3 岁幼儿能够集中注意 3 ~ 5 分钟，4 岁幼儿的注意可持续 10 分钟左右，5 ~ 6 岁的幼儿注意能保持 20 分钟左右。幼儿的注意稳定性比较差，与幼儿的自制能力差有密切关系。例如，在活动中如果教师提出一个很有趣的问题，幼儿就能注意一段时间；如果在某一个活动中伴随有操作活动，那么，幼儿也能把注意保持在该活动上，可是当幼儿把问题回答完或操作完后，他们的注意很快就不稳定了，并且很容易转向其他事情。因此，不能用成人的标准来要求幼儿长时间地注意一个事物。在设计活动、组织活动时不应太单调、时间太长。

2. 幼儿注意的稳定性易受一些因素的影响

（1）注意的对象新颖、生动

如果让幼儿注意的对象是一些非常生动形象的事物，幼儿的注意就相对稳定一些。试想一下，如果让幼儿听一个有关成人的故事，或者一首比较抽象的诗歌，幼儿注意的稳定性会怎样呢？一些缺乏生动性和形象性的活动不容易使幼儿坚持完成，并保持注意稳定。

（2）活动的游戏化

在幼儿的活动中，如果让幼儿像小学生一样听教师讲故事、念儿歌，而且要求幼儿坐直身子，时间一长幼儿的注意就不稳定了。但是如果以游戏的方式来开展活动，那么幼儿的注意则会比较稳定，注意的持久性会大大加强。因此，游戏既是适合幼儿的活动，也是有利于稳定、维持幼儿注意的有效形式。国外研究资料表明，游戏活动能引起幼儿的活动兴趣。在游戏中，幼儿注意持续的时间大大地超过了在他们不感兴趣的活动中所持续的时间。

（3）注意与幼儿操作活动的结合

在活动中，教师如果让幼儿亲自动手操作，直接接触实物，把活动与实际操作结合起来。那么，幼儿的注意力就容易集中，而且也比较稳定。在这样的一些活动中，幼儿注意所保持的时间大大地超过了幼儿在不操作和不感兴趣的活动中所持续的时间。根据这一心理规律，我们在组织幼儿进行活动时，应该使活动多样化、可操作。

例如，在一个幼儿园的活动《奇妙的田字格》中，教师用游戏的口吻讲述：小猪有一所漂亮的房子，小猪有 3 位好朋友，它们是小兔、小羊和小鸡，它们都想和小猪住在一起，怎样住呢？于是教师让幼儿把房子四等分，这样四个小动物就住在了田字格里。教师又问幼儿这些小动物都住在哪一间房子里，让幼儿自己摆一摆、说一说。这样，幼儿的注意力就一直保持在活动上。如果一直是教师在讲解，虽然也是拟人化的，但是，由于时间长，幼儿只是坐着听，没有操作参与，他们的注意就不稳定。可是，如果教师让幼儿为小动物搬家、分房子，并告诉幼儿小动物是怎样住的，幼儿就容易在参与活动的过程中保持注意。

（4）幼儿的身体状况

幼儿身体健康，精神饱满时，其注意就容易稳定。而如果幼儿有病、疲劳、情绪不佳时，幼儿的注意就不稳定和不易维持。有一位幼儿教师在组织幼儿进行数学方面的活动时，一位幼儿不时地看周围的教师，教师要求干什么，他好像听不见，注意力很不集中。过了一会儿，当教师走到他跟前时，他才说，他恶心、想吐。这时教师才知道他为什么不能注意教师所组织的活动了，原来是这个孩子身体不适。因此，教师在组织幼儿活动时，要考虑孩子的健康状况和情绪状况，而且活动时间不宜太长，以免幼儿疲劳。

我们自己是否也有这样的经验？当我们感到疲劳和身体不适时，就很难把自己正在做的事稳稳当当地做下去，注意经常分散，而且很容易分心。当然，成人一般可以控制自己，凭毅力去完成工作和学习任务。但是，也需要个人很大的努力。幼儿的自我控制能力比较差，当他们身体不适、情绪不佳时，就会注意不稳定。因此，在幼儿园的实际工作中一定要注意这一点。

3. 幼儿注意的稳定性存在明显的年龄差异

有人测验 5 岁和 6 岁幼儿有意注意的稳定性，方法是发给每个幼儿一张改错练习纸，上面有由"△"和"○"符号排成的行列。这些符号没有规则地任意排列。测验的方法：主试（教师或其他测验者）要求幼儿听他读出符号的名称，并根据听到的符号名称改正纸上印出的符号。如果主试第一个读的是"△"，而纸上是"○"，就要改正，依此类推。然后根据幼儿的正确率来判定幼儿注意的稳定性。在此测验中，幼儿必须注意听、注意看，而且需要一直对这一活动保持有意注意。测验结果表明，6 岁的幼儿成绩优于 5 岁的幼儿。这说明，幼儿注意的稳定性存在年龄差异。年龄不同，注意的稳定性也不相同。刘金香、刘建华等人的研究还发现，幼儿对具体生动的对象的注意集中时间长，对枯燥乏味的对象的注意集中的时间短。

【案例链接】

教师组织小班幼儿进行"小树叶"诗歌活动，没有直观的教具，也没有让幼儿动手操作的机会，只是一遍又一遍地教幼儿朗诵诗歌。许多孩子很快坐不住了，有的与身边的幼儿打闹，有的表现出反感的情绪。这是为什么？如何结合注意的稳定性来组织幼儿活动？

【知识拓展】

注意的起伏现象

人的感受性不能长时间地保持固定的状态，而是间歇地加强和减弱，这种现象叫作注意起伏（Fluctuation of attention）。

要使注意持久地集中在一个对象上，是很困难的。注意起伏是正常的注意现象，它具有防止疲劳、提高注意稳定性的作用。我们注视图 3-1 时，小正方形会出现时而凸起时而凹陷的现象。

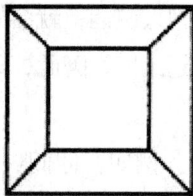

图3-1　注意的起伏

（三）注意的转移

注意的转移是指注意的中心根据新的任务主动地从一个对象或活动转移到另一个对象或活动上去。

注意的转移与注意的分散有着本质的区别。注意的转移是根据新任务的需要，主动地把注意转移到新的对象上，使一种活动合理地代替另一种活动，是一个人注意灵活性的表现。注意的分散是由于受到无关刺激的干扰，使自己的注意离开了需要注意的对象，而不自觉地转移到无关活动上。

注意的转移有一个过程，这正是人们在开始做一件事情时觉得有些困难的原因，故"万事开头难"。开始时，注意力还没有完全集中到新的活动上，效率就不高。例如，写文章时，起初总觉得下笔很难。写好开头后，注意完全转移并集中在写作中，效率就会提高。

注意转移的难易依赖前后活动的性质、联系和人们的态度。如果前一种活动注意的紧张度高，两种活动没什么内在联系，或者对前一种活动特别感兴趣，注意的转移就很困难。例如，幼儿刚玩过激烈的游戏，马上坐下来学计算，注意就很难转移过来。小班幼儿还不善于转移自己的注意，以至于应该注意另一对象时，注意却难以从原来的对象上移开。大班幼儿能比较灵活地转移自己的注意力。总体而言，幼儿注意转移能力较差。所以，幼儿教师在开展新的活动时，可以运用猜谜、谈话、出示教具的方式引起幼儿的兴趣，让幼儿的注意转移到当前活动中来；在活动中，指导幼儿明确活动的目的，引导他们主动转移注意。

【思考】

请判断下列活动中注意转移的难易：

1. 幼儿刚玩过"老狼、老狼几点了"的游戏，马上坐下来学计算。
2. 幼儿在聚精会神地看动画片，妈妈喊他吃饭。
3. 幼儿在听老师讲完故事后，用画笔将自己对故事情节的想象画在纸上。

（四）注意的分配

注意的分配指同一时间内，把注意集中到几种不同的对象上。总体而言，幼儿还不善于完成注意的分配。

例如，大人吃饭时，可以谈笑自如，丝毫不影响进餐，而且由于交谈带来了愉快气氛，还增加了食欲。幼儿吃饭时，如果注意听别人说话，就会停止吃饭；如果幼儿自己说话，他就会把碗筷都放下，甚至还站起来，手脚一起比划。因此，幼儿园要求幼儿专心吃饭，不许随便说话，以保证幼儿吃好、消化吸收好。

小班幼儿的注意分配能力更差一些。例如，他们唱歌时，就忘了做动作；看客人参观时，就停止了自己的活动，站在那里不动了。大班幼儿的注意分配能力有所增强。例如，他们做体操时，既能注意自己的动作，又能注意队形的整齐。

怎样才能够发展幼儿注意的分配能力呢？这要考虑注意分配的条件。

第一，幼儿如果对同时进行的几种活动都比较熟练，或者对其中一种活动掌握得非常熟练，甚至接近于自动化的程度，那么，注意的分配就比较好。

教师要求幼儿注意几件事物时，其中有一件或几件应该是幼儿已经掌握的或熟练的；或是幼儿能力范围之内的、非常熟悉的事物。否则，幼儿的活动就不能顺利进行。例如，幼儿要做一个一边唱歌、一边传递东西的游戏，就必须能熟练地唱歌，并学会接、递的动作，游戏才能顺利地开展。否则，幼儿不是忘了唱歌，就是忘了递东西。因此，在开展活动之前，教师应让幼儿熟悉活动的一些环节或某一部分。教师在组织幼儿进行一个较为复杂的游戏之前应该想一想，要做哪些准备工作。其中之一就是要从幼儿注意的分配能力及发展特点入手。

第二，使同时进行的几种活动在幼儿头脑中形成密切的联系。例如，幼儿学歌舞表演时，如果懂得歌词与表演动作之间的意义联系，而且唱和跳都比较熟练，表演起来就能声情并茂。如唱到"小狗小狗很高兴"，由于是幼儿很容易理解的歌词，他们懂得词义，因而就会做出高兴的模样。反之，幼儿不理解歌词，不仅谈不上表情，甚至动作也很难做到协调，即使教师在旁边努力提醒幼儿"笑，笑呀！"也起不到作用。幼儿由于不理解歌词和动作之间的关系，往往注意了歌词，就注意不到动作，更不能把注意分配到表情上。因此，教师在组织幼儿活动时，应该首先帮助幼儿理解各活动内容与形式之间的关系，这样才能真正提高幼儿的活动水平，调动幼儿活动的积极性。

第四节 学前儿童注意分散的原因和预防

一、注意的分散

（一）学前儿童注意分散的表现

学前儿童在课堂上注意的分散主要表现为做小动作、出怪声、发呆、两眼无神、交头接耳、随意走动、东张西望等。

注意的分散和注意的转移的区别：分散是被动的，是受到无关刺激的干扰而使注意离开活动任务。转移是主动的，是自觉地把注意指向新的对象或新的活动。比如，大家正在听课，而这时有几个其他班的同学在教室外面喧哗，大家就转过头去看这些同学。这就是注意的分散，是一种被动、消极的过程。而如果大家正在课上看演示，这时教师让大家翻开书。于是大家就把目光转向书本。这就是注意的转移，是按照教师的要求进行的，是一种主动，积极的过程。

（二）学前儿童注意力分散的原因

1. 无关刺激过多

如果活动室布置得过于繁杂，环境过于喧闹，教师服饰过于奇异，都可能影响学前儿童的注意。

2. 疲劳

学前儿童神经系统的机能还未完全发展，长时间从事单调活动会出现疲劳，表现为无精打采，注意力涣散。此外，缺乏科学的生活规律也会引起学前儿童的疲劳。比如，有的家长让孩子晚上长时间看电视、晚睡，导致孩子睡眠不足；或者周末带孩子走亲访友、到处玩，从而引起孩子疲劳和注意力涣散。所以学前儿童的活动安排要注意动静搭配，活动时间不能过长，内容要能引起学前儿童的兴趣，并且进行活动时要保证生活作息的规律。

3. 目的要求不明确

教师对学前儿童提出的要求不具体，或要求不能为学前儿童理解，也会引起学前儿童注意分散。

4. 注意不善于转移

例如，学前儿童听完一个有趣的故事，可能长久地受到某些生动故事情节的影响，注意难以转移到新的活动上去，在从事新的活动时，思绪还停留在原先的活动上，因此出现注意的分散。

5. 无意注意和有意注意没有并用

有的时候，教师只注重无意注意，用新异刺激来引起学前儿童的无意注意，当学前儿童对

扫一扫3-4 学前儿童注意分散的原因和预防

新异刺激失去兴趣，便不再注意。而如果教师只调动有意注意，让学前儿童长时间集中注意，就容易使学前儿童疲劳，注意力分散。

6. 教学活动组织不合理

学前儿童缺少积极参与、实际操作的机会，教学过程的组织呆板、缺少变化，活动内容的选择过难或者过易，都会导致学前儿童注意分散。此外，教师对学前儿童的个别交流太少，学前儿童因得不到教师的关注也会丧失活动的积极性。

7. 饮食不科学

如果摄取的糖分、咖啡因、人工色素、添加剂、防腐剂等量过多，例如过多食用烧烤、油炸类食物，或以饮料代替水，都会影响学前儿童注意力的集中。

（三）学前儿童注意分散的预防

1. 防止无关刺激的干扰

教师的装束整洁大方，不要有过多装饰。教室的布置不要太繁杂。

2. 制订合理的作息制度

教师、家长在晚间别让学前儿童长时间看电视，应让他们早睡。周末不要让学前儿童外出玩得太久、太累，应保证他们有充足的睡眠和休息时间。

3. 培养学前儿童良好的注意习惯

教师、家长培养学前儿童良好的注意习惯，即让他们在活动时不要漫不经心，鼓励他们做事要有始有终。学前儿童在注意集中的时候，成人不要随意干扰打断。

4. 不要反复向学前儿童提要求

教师、家长向学前儿童提要求时，唯恐他们没听见、没记住，就不断重复。这不利于培养学前儿童注意听的习惯，会让他们以为这次不注意听也没有关系，反正大人还会再讲。如果成人没有唠叨的习惯，学前儿童反而会更认真倾听。

5. 灵活地交互运用无意注意和有意注意

教师、家长应用新颖、多变的刺激物激发学前儿童的无意注意，同时向学前儿童讲明学习本领的重要性，说明必须集中注意的道理，培养其有意注意，并交替运用两种注意。

二、审慎处理学前儿童多动现象

有的学前儿童很好动，不但影响自己的学习，也破坏班级秩序。但教师不能由此轻易断定他们是多动症患者，不要给学前儿童贴标签。多动症需要根据临床检查、专业的鉴定等才能确定。所以不能把学前儿童的好动当成多动症来对待。发现学前儿童多动现象，教师首先要反思自己的教学工作，确定学前儿童注意分散的原因。积极改善自己的教学，同时积极培养学前儿童良好的注意习惯，促进其注意的发展。

【本章小结】

注意能使学前儿童从环境中接受更多的信息。首先，注意使学前儿童能够发觉环境的变化，从而能够及时调整自己来应付外来刺激，把精力集中于新的情况。其次，注意能促进学前儿童记忆的发展。注意发展水平低的，其记忆发展水平也低。再次，注意能加强学前儿童行动的力量，行动的坚持性和注意是不可分的。

学前儿童无意注意的产生，依赖于刺激物的特点和学前儿童本身的状态。学前儿童有意注意的产生，依赖于学前儿童对活动目的的理解、对活动的兴趣等，教师应学会分析和利用无意注意和有意注意产生的条件。

学前儿童注意的广度、注意的分配、注意的稳定性和注意的转移能力各有特点，教师在组织活动时，要注意理解和分析学前儿童注意的品质特点。

注意的分散与注意的转移是不同的概念。教师要善于分析学前儿童注意分散的原因，并有针对性地采取恰当措施，防止学前儿童注意的分散。

【思考与练习】

一、填空题

1. 注意是指心理活动对一定对象的 ＿＿＿＿＿＿＿ 和 ＿＿＿＿＿＿ ，＿＿＿＿＿＿ 和 ＿＿＿＿＿＿ 是它的两个特点。

2. ＿＿＿＿＿＿ 指没有预定的目的、也不需要意志的努力、自然而然产生的注意，是不自主的、被动的注意。＿＿＿＿＿＿ 指有预定的目的、必要时还需付出一定意志努力的注意，是有意识支配的、主动的注意。

3. 多动症又称为＿＿＿＿＿＿。

4. 学前儿童的注意基本上属于＿＿＿＿＿＿注意。

二、单项选择题

1. 注意的两个主要特点是（   ）。

   A. 指向性和集中性   B. 鲜明性和选择性
   C. 清晰性和指向性   D. 清晰性和集中性

2. "聚精会神""仔细"主要描绘的是注意的（   ）。

   A. 指向性   B. 集中性   C. 清晰性   D. 鲜明性

3. 注意使学前儿童对环境中的各种刺激反应不一，总是舍弃一些信息。这是注意的（   ）功能。

A. 调节　　　　　　B. 整合　　　　　　C. 维持　　　　　D. 选择

4. 人在高度集中自己的注意时，注意指向的范围就（　　）。

A. 不变　　　　　　　　　　　　　B. 扩大

C. 缩小　　　　　　　　　　　　　D. 以上都有可能

5. 学前儿童一进商场就被漂亮的玩具吸引。学前儿童在这一刻出现的心理现象是（　　）。

A. 注意　　　　　　B. 想象　　　　　　C. 需要　　　　　D. 思维

6. 注意使学前儿童的游戏、学习等活动顺利进行，这是注意的（　　）功能。

A. 整合　　　　　　B. 维持　　　　　　C. 调节　　　　　D. 选择

7. 注意使学前儿童根据环境变化及时调整自己的行动，为应对外来刺激做出相应准备，从而适应环境，这是注意的（　　）功能。

A. 调节　　　　　　B. 整合　　　　　　C. 维持　　　　　D. 选择

8. 3～6岁幼儿注意发展的特征是（　　）。

A. 无意注意占优势　　　　　　　　B. 有意注意占优势

C. 注意的发展不受语言支配　　　　D. 有意注意和无意注意均衡发展

9. 天空中过往飞机的轰鸣引起学前儿童的注意，这是（　　）。

A. 有意注意　　　　　　　　　　　B. 无意注意

C. 两者均有　　　　　　　　　　　D. 选择性注意

10. 学前儿童不受窗外其他孩子玩耍的笑声吸引，努力控制自己，专心做功课，这是（　　）。

A. 有意注意　　　　　　　　　　　B. 无意注意

C. 两者均有　　　　　　　　　　　D. 选择性注意

11. 学前儿童从事一项活动能够善始善终，说明他的注意具有很好的（　　）。

A. 广度　　　　　　B. 稳定性　　　　　C. 分配能力　　　D. 范围

12. 学前儿童在绘画时常常顾此失彼，说明学前儿童注意的（　　）较差。

A. 广度　　　　　　B. 稳定性　　　　　C. 分配能力　　　D. 范围

13. 注意是感觉和知觉的（　　）。

A. 开端　　　　　　B. 条件　　　　　　C. 发展　　　　　D. 目的

三、简答题

1. 试举例说明学前儿童有意注意发展的阶段。

2. 学前儿童注意的分散一般受哪些因素影响？如何减少学前儿童注意的分散？

3. 引起无意注意的因素有哪些？幼儿园教育、教学中怎样利用它们吸引学前儿童？

4. 有意注意受哪些因素影响？教师应该如何培养学前儿童的有意注意？

四、实例分析题

1. 为了把课上得更加生动形象，某幼儿教师去上课时带了不少直观教具，有实物、图片、模型等。进教室后，她把这些教具有的放在桌子上，有的挂在黑板上，她想今天的课一定会收到很好的效果，但结果却相反。请运用所学的学前儿童注意的特点的有关知识来进行分析。

2. 某幼儿园来了一位实习教师，她的任务是教小班幼儿的音乐课和中班幼儿的绘画课。她初步计划第一堂音乐课以自己的示范表演为主，每隔15分钟休息一次；绘画课主要让孩子们画太阳，每隔20分钟休息一次。虽然她做了精心的准备，但效果不理想。孩子们有的讲话，有的跑出去，不理会她的要求，使这位实习教师非常沮丧。

（1）试分析导致这种结果的原因。（2）你觉得怎样做效果会好些？

五、实训

1. 通过见习活动，仔细观察一名学前儿童在教育活动中注意的表现，详细记录其注意稳定时间和分散次数，把观察结果填入学前儿童注意特点鉴定表（见表3-1）。运用有关注意的理论知识，初步分析执教教师在教育活动中组织学前儿童注意的优缺点。

2. 设计 1 ～ 2 个促进学前儿童注意发展的活动方案。

表3-1　学前儿童注意特点鉴定表

学前儿童姓名：_____

观察项目	注意稳定性持续总时间	分数次数	注意稳定性			注意转移能力		
			优	中	差	优	中	差

鉴定人：_____

第四章

学前儿童记忆的发展

【学习目标】

    1. 掌握学前儿童记忆发展的基本理论

    2. 把握学前儿童记忆发展的基本特点

    3. 能初步运用学前儿童记忆发展的基本理论知识，分析幼儿园的教学活动，促进学前儿童记忆发展

【学习重点和难点】

    重点：学前儿童记忆发展的基本特点

    难点：学前儿童记忆能力的培养

【引入案例】

案例1：朵朵3岁半，妈妈为了培养她对国学的兴趣，在家里对她进行了早期经典诵读训练。朵朵进步很快，没多久就能背诵很多唐诗宋词了。爸爸妈妈都夸朵朵记性好、聪明。后来妈妈出外学习了两个月，回来之后再检查，那些诗词朵朵基本都忘记了。但对于半年前去"世界之窗"喂孔雀的情景，小朵朵的印象却十分深刻。

案例2：一个中班的幼儿回家对妈妈说，"幼儿园的围墙倒了……压了许多小朋友，送医院去了。"第二天，幼儿的妈妈关切地向老师问起这件事，老师说："墙没有倒啊！"那么到底是怎么回事呢？原来幼儿园要搞基建，为了不影响幼儿出入大门，就在院子旁边破了一截围墙，便于工程车出入。这个幼儿看到这截缺口，就说成了上面的"事实"。

两个案例说明了学前儿童记忆的什么特点呢？我们一起来解答吧！

第一节　记忆概述

一、什么是记忆

（一）记忆的概念

记忆就是过去的经验在人脑中的反映。

大脑感觉和知觉过的事物、思考过的问题和理论、体验过的情感和情绪、练习过的动作，都是记忆的内容。

扫一扫4-1　记忆的概念

（二）记忆的过程

记忆是大脑的一种复杂而又积极的心理过程，包括记忆、保持、恢复（再认或回忆）这几个密不可分的环节。

记忆——识别和记住事物的特征与联系，是大脑皮层形成相应的暂时神经联系；

保持——暂时联系的痕迹在脑中保留，表现为巩固已获得知识经验的过程；

再认——事物重新呈现时能够再认识，例如回答选择题；

回忆——事物不在当前时能够回想起来，例如回答问答题。

这几个环节是互相联系，不可分割的。记忆和保持是回忆的前提，再认、回忆是记忆和保持的结果。

由于记忆，人们才能保存过去的反映，使当前反映在以前反映的基础上进行，从而使人能积累和扩大、完善或修正原有的经验，使其对行动更具指导价值；有了记忆，先后经验才能联系起来，使一个人的心理活动成为一个发展的统一的过程。

二、记忆的种类

（一）按保持时间划分

保持时间是指从记忆材料开始到能对材料再认或再现之间的间隔时间，也称为记忆的潜伏期。记忆按保持时间划分可以分为瞬时记忆、短时记忆、长时记忆。

1. 瞬时记忆（感觉记忆）

当客观刺激停止作用后，感觉信息在极短的时间内被保存下来，这种记忆叫瞬时记忆或感觉记忆。它是记忆系统的开始阶段。瞬时记忆的存储时间大约为 0.25 ～ 2 秒。

2. 短时记忆

短时记忆是瞬时记忆和长时记忆的中间阶段，保持时间大约为 5 秒到 1 分钟。编码方式以言语听觉形式为主，也存在视觉和语义的编码。短时记忆的信息经过编码进入长时记忆。

3. 长时记忆

长时记忆是指信息经过充分的和一定深度的加工后，在头脑中长时间保留下来。这是一种永久性的存储。它的保存时间长，从 1 分钟以上到许多年甚至终生，容量没有限制。

（二）按记忆的内容划分

记忆按内容划分可以分为运动记忆、情绪记忆、形象记忆、语词记忆。

1. 运动记忆

运动记忆是指记忆内容为人的运动或动作的记忆。一切生活习惯上的技能、体育运动或其他活动中的动作，都是依靠运动记忆来掌握的。

2. 情绪记忆

情绪记忆是指对体验过的情绪或情感的记忆。

3. 形象记忆

形象记忆是以感觉和知觉过的事物的具体形象为内容的记忆。

4. 语词记忆

语词记忆是以语言材料为内容的记忆。语词记忆的发展，要求大脑皮质活动机能的发展，特别是语言中枢的发展作为生理基础。

（三）按记忆的目的划分

记忆按目的划分可以分为无意记忆、有意记忆。

1. 无意记忆

没有目的和意图、自然而然发生的记忆，叫作无意记忆。

2. 有意记忆

有明确记忆目的和意图的记忆是有意记忆。

（四）根据人的理解性划分

记忆按人的理解性划分可以分为机械记忆、意义记忆。

1. 机械记忆

机械记忆指人对所记材料的意义和逻辑关系不理解，采用简单的、机械重复的方法进行的记忆。

2. 意义记忆

意义记忆指人根据对所记材料的内容、意义及其逻辑关系的理解进行的记忆，也称为理解记忆或逻辑记忆。

三、记忆在学前儿童心理发展中的作用

（一）记忆促进学前儿童感觉和知觉的发展

【案例链接】

学前儿童看图画时，小兔子的身体被花草树木挡住了，只露出一对长耳朵或一条短尾巴，学前儿童依然能把它作为一个整体辨认出来。如何看待这一现象？

知觉的许多特性都包含着记忆的作用。换句话说，正是依靠记忆积累下来的经验，知觉才可能具有其整体性、恒常性、理解性和选择性。

如果没有记忆所积累的经验，知觉的特性便无从产生，客观事物对人而言永远是陌生的，知觉对感性信息的"解释"功能也将不复存在。

（二）记忆是想象、思维产生的直接基础

记忆是联系感觉和知觉与想象、思维的桥梁，是想象思维过程产生的直接前提。记忆表象越丰富，想象和思维的基础便越深厚。

（三）记忆影响行为的倾向性

学前儿童依恋自己的父母，却避开陌生人和陌生情景，因为父母带给他们舒适、温暖和爱的欢乐，是他们的安全基地；陌生人和陌生情景给它们一种"不可预测"的恐惧感。此外，受奖的愉快加强学前儿童的获奖行为；受惩罚的痛苦减弱甚至消除引起惩罚的行为。

情感对行为的这种激励或抑制的作用，是以记忆为中介而得以发挥的。如果没有记忆，人类只能永远停留在新生儿时期。

第二节 0～3岁婴幼儿记忆的发展

一、新生儿的记忆

新生儿时期的记忆主要表现在以下几个方面。

（一）建立条件反射

【案例链接】

> 母亲喂奶时往往先把新生儿抱成某种姿势，然后再开始喂。用不了多久（一个月左右），新生儿便对这种喂奶的姿势形成了条件反射：每当被抱成这种姿势时，奶头还未触及嘴唇他们就已开始了吸吮动作。如何看待这种现象？

这种情况表明，新生儿已经"记住"了喂奶的"信号"——姿势。

新生儿记忆的主要表现之一是对条件刺激物形成某种稳定的行为反应，即建立条件反射。

（二）对熟悉的事物产生"习惯化"

新生儿记忆的另一个表现是对熟悉的事物产生"习惯化"：一个新异刺激出现时，新生儿都会产生定向反射——注意它一段时间。如果同样的刺激反复出现，新生儿对它注意的时间就会逐渐减少甚至完全消失。随着刺激物出现频率的增加而对它的注意时间逐渐减少，甚至注意完全消失的现象，称为"习惯化"。

二、1个月至1岁婴儿的记忆

（一）3个月婴儿的记忆

3个月的婴儿对操作条件反射的记忆能保持4周之久。

（二）3～6个月婴儿的记忆

3～6个月婴儿的长时记忆有很大发展。

（三）6～12个月婴儿的记忆

1. 再现的潜伏期明显延长

此阶段，婴儿对社会性刺激和社会交往的记忆迅速发展，例如认生越来越明显，大量模仿动作的出现。

2. 出现了工作记忆

8个月左右的婴儿开始出现了工作记忆。这个时候的婴儿开始能够把新信息和过去的知识经验进行联系和比较。

三、1～3 岁幼儿的记忆

语言的产生和发展，使这一时期的幼儿记忆发生了许多重要的变化，如符号表征能力的产生、记忆潜伏期的延长、出现初步的回忆能力和延迟模仿等。

（一）再认的内容和性质发生变化

幼儿再认形式的记忆发展较早。1 岁半至 2 岁左右，语言真正发生后，幼儿再认的内容和性质也迅速发生变化。

（二）符号表象记忆产生

1 岁以后的幼儿，由于语言的发展，能用符号进行表征，从而产生了符号表象记忆。

表象和表征是有区别的。表象是指过去感觉和知觉而当前没有作用于感觉器官的事物在头脑中出现的形象；表征则是指这种形象形成的过程。

表象按加工创造程度的不同，可分为记忆表象和想象表象两种。记忆表象指头脑中保存的客观事物的感觉和知觉形象；想象表象是指在头脑中对记忆表象进行加工改造后形成的新形象。

表象还可分为具象表象和符号表象两种。具象表象就是形成的客观事物的具体形象，这主要是大脑皮层第一信号系统的活动；符号表象是运用言语、文字或其他符号所形成的客观事物的象征性形象（如"苹果"一词在人脑中的语言或文字形象等），是大脑第二信号系统的活动，是人类特有的能力。

皮亚杰认为，幼儿在 1 岁末到 2 岁之间才产生这种符号表象能力。而有研究表明，1 岁以后，幼儿已有可能产生最早的符号表象能力，其主要标志就是幼儿用信号物作为事物的象征。从此，幼儿的记忆表象中增添了符号表象的内容，并能和具体表象进行相互转换而"激活"。例如，"苹果"一词的符号表象或一个象征苹果的黄色圆圈在人脑中就可以激活关于苹果的具象表象，反之亦然。

（三）短时记忆出现重要变化

短时记忆由于语言的发生和发展而出现重要变化。有项研究中，设计了一个专门的小桌子，桌上有两个坑，上面各盖有能取下的盖子。实验者当着学前儿童的面，把玩具放入其中一个坑，用盖子盖上，然后用屏幕把小桌子挡住，过一会儿再让学前儿童找出玩具。实验目的在于研究学前儿童短时记忆的保持时间。研究结果表明，10 个月婴儿已经出现短时记忆。但在这个实验中，记忆保持的时间达到 5 秒的 10 个月婴儿只占被试的 10%。1 岁 1 个月时，几乎所有幼儿都能保持 5 秒，以后可增加到 30～40 秒。1 岁半以后，幼儿的短时记忆保持的时间有缩短的趋势。研究者对这种现象做如下解释：1 岁半是幼儿语言发展的转折期，语言的急剧发展影响了短时记忆的发展。换句话说，起初的记忆是大脑高级神经活动第一信号系统的活动，然后过渡到主要是第二信号系统的活动。在1岁半这个年龄，幼儿记忆发展的新机制——第二信号系统的记忆发生了，它干扰了原有的记忆机制——第一信号系统的记忆机制，而第二信号系统的机制又没有成熟，不足以完成记忆任务。幼儿1岁半以后，第二信号系统在记忆中逐渐发挥主导作用，表现为幼儿能够迅速地积累大量词汇，记忆的潜伏期也延长了。

（四）出现初步的回忆

在日常生活中，1～2岁幼儿用行动表现出初步的回忆能力。比如，他们喜欢找东西的游戏，他们常常能够替成人找到东西，有时甚至是只看过一次的东西，也能够找出来。1岁左右幼儿能够回忆几天或十几天之前的事情，2岁左右幼儿可以回忆几个星期前的事情，3岁以后幼儿能够回忆几个月或更长时间的事情。还有人观察到1岁左右幼儿甚至能找到不在眼前的已知物体。这与皮亚杰所说的"儿童客体永久性的发展"是一致的。

这一阶段出现的延迟模仿是幼儿回忆能力发展的显著表现。1岁半至2岁的幼儿，常常出现并非即时的模仿，就是过了一段时间以后，突然出现模仿行为。这种延迟模仿和表象的发生发展有关。

总之，1～3岁是幼儿记忆发展的第一个高峰期和关键期。这个阶段，幼儿机械记忆能力比较发达且有相当大的潜能；再认能力发展较早，再现能力也有很大发展；具象表征（具象表征就是形成的客观事物的具体形象）的能力出现较早。具象表征的能力使得幼儿在言语产生之后获得了符号表征能力，这种能力的出现使幼儿语词逻辑记忆能力的产生成为可能。此外，该阶段延迟模仿能力的出现则是幼儿记忆能力逐渐走向成熟的标志。

第三节　3～6岁幼儿记忆的发展

一、幼儿记忆发展的趋势

（一）记忆保持时间的延长

记忆保持时间的长短受很多因素的影响，影响幼儿记忆保持的主要因素有如下所述。

1. 对记忆对象的感觉和知觉程度

我们有这样的体会，只有把记忆对象感觉和知觉得很清楚，才能留下深刻的印象，而印象深刻的东西才能保持长久。幼儿随着年龄增长，各种分析器的结构和机能逐渐成熟。幼儿通过积极从事各种活动，提高了各分析器的综合分析能力，提高了感觉和知觉的选择性、持续性、精确性，这都为头脑中留下深刻的印象创造了条件。

2. 知识经验和对记忆材料的理解程度

凡是和已知的知识相联系的内容就比较容易被记住。幼儿在生活实践中接触的事物越来越多，知识经验也越来越丰富，这就有利于他们在记忆对象之间建立各种联系，使回忆容易实现。理解了的东西往往容易被记住。幼儿知道了所记东西的意义，就便于把它同已有的知识经验联系起来，将其并入自己的知识结构。

3. 情绪状态

【案例链接】

一名 3 岁左右的幼儿对"两只老虎"这首儿歌相当熟悉。要他再现歌词时，他首先想到的就是"一只没有耳朵，一只没有尾巴"。为什么这些词更容易记住？

歌词中"一只没有耳朵，一只没有尾巴"等语句，引起幼儿情绪上的反应最愉快，所以保持得特别长久。而那些与情绪态度无联系的、印象不深的材料则不易被记住。

4. 对记忆对象的兴趣

幼儿对感兴趣的事物，记忆特别快。幼儿有强烈的好奇心和旺盛的求知欲。他们对什么事都要问个为什么，对感兴趣的东西能集中注意力去想它，以形成比较鲜明且深刻的印象，并且喜欢刨根问底。反之，他们对自己不感兴趣的事漠不关心。例如，某男孩对车感兴趣，对各种车的名称如数家珍。

（二）记忆容量的增加

1. 记忆广度

记忆广度是指人在单位时间内能够记忆的材料的数量。这个数量是有一定限度的。一般人类的记忆广度为（7±2）个信息单位。

记忆广度对记忆容量有一定的影响，但记忆容量的大小不取决于记忆广度的大小，而取决于把记忆材料组织加工、并使之系统化的能力。因为每个信息单位内部的容量是不同的，加工能力强的，单位容量就大。例如，一个人看英语书比较慢，看中文书则比较快，就是因为单位时间内记忆容量不同。

2. 记忆范围

记忆范围的扩大是指记忆材料种类的增多，内容的丰富。随着幼儿动作的发展，和外界交往范围的扩大，活动的多样化，其记忆范围也越来越扩大。

（三）记忆内容的变化

幼儿记忆的内容也有随着年龄而变化的客观趋势。

1. 运动记忆出现最早

对喂奶姿势的条件反射就属于运动记忆。运动记忆，可以说是非理性地处理和存储信息，是一种自动化的学习。因此，人的运动记忆系统更早形成，而且较不容易消退，在遗忘相当长时间之后，还较容易恢复。例如，一个人学会骑自行车后，尽管多年不骑，人们也不会忘记。

2. 情绪记忆出现比较早

幼儿的情绪记忆出现得也比较早。婴幼儿对带有感情色彩的东西，容易记忆和保持。

3. 形象记忆占主要地位

婴幼儿认识奶瓶、认识母亲等都是形象记忆的表现。1岁前婴儿的形象记忆和运动记忆、情绪记忆紧密联系。3～6岁幼儿的形象记忆是依靠表象进行的，其中起主要作用的是视觉表象。

4. 语词逻辑记忆的发展最晚

幼儿语词逻辑记忆是随语言的发展逐渐发展起来的。

从幼儿这几种记忆发生发展的顺序来看，最早出现的是运动记忆（出生后2周左右出现），然后是情绪记忆（6个月左右出现），再往后是形象记忆（6～12个月左右出现），最晚出现的是语词逻辑记忆（1岁左右出现）。幼儿这几种记忆的发展，并不是用一种记忆简单代替另一种记忆，而是一个相当复杂的相互作用的过程。

（四）记忆的意识性与记忆策略的形成

1. 记忆意识性的发展

随着年龄的增长，幼儿记忆意识性开始逐渐萌芽、发展。

元记忆的发展是指幼儿对自己的记忆过程的认识或意识的发展，它包括以下几个方面：（1）明确记忆任务，包括认识到记忆的必要性和了解需要记忆的内容；（2）估计到完成任务过程中的困难，努力去完成任务，并选择记忆方法；（3）能够检查自己的记忆过程，评价自己的记忆水平。

2. 记忆策略的形成

记忆策略是学习者采用的接受信息、提取信息的方式。它直接影响着记忆的效果。

常见的记忆策略如下。

（1）反复背诵或自我复述。年龄较大的幼儿在记忆过程中反复背诵以避免遗忘。例如，幼儿边记忆边，自言自语地说出记忆材料的名称或内容。

（2）使记忆材料系统化。中班的幼儿能够在记忆过程中自动对记忆材料进行分类，如边记忆边把图片分类，并自言自语地说："苹果是水果，梨也是水果，萝卜是蔬菜……"幼儿也会把新词和某种事物或情绪联系起来，等等。

（3）间接的意义记忆。年龄较大的幼儿能对材料进行精细思考，找出材料组成的规律，以帮助记忆。

【案例链接】

有一个 6 岁的幼儿，在 1 分钟之内，正确记住了 17 位数字：81726354453627189。他是经过思考，抓住了这些数字之间的规律性联系进行记忆的。他发现，每两个数字之和都是 9，去掉最后一个 9 字，其余的数字排列都是对称的。

二、幼儿记忆发展的特点

幼儿的记忆和其他心理过程一样，是随着年龄的增长而逐渐发展的。

扫一扫4-2 幼儿记忆发展的特点

（一）无意记忆占优势，有意记忆逐渐发展

1. 无意记忆占优势

小资料：幼儿记忆实验

在一项实验中，实验桌上画了一些假设的地方，如厨房、花园、睡眠室等，教师要求幼儿用图片在桌上做游戏，把图片上画的东西放到实验桌上相应的地方。图片共 15 张。图片上画的都是幼儿熟悉的东西，如水壶、苹果、狗等。游戏结束后，教师要求幼儿回忆所玩过的东西，即对其无意记忆进行检查。另外，在同样的实验条件下，要求幼儿进行有意记忆，记住 15 张图片的内容。实验结果表明，学前中期和晚期记忆的效果都是无意记忆优于有意记忆。到了小学阶段，儿童的有意记忆才赶上无意记忆。

（1）无意记忆的效果优于有意记忆。3 岁以前的幼儿基本上只有无意记忆，他们不会进行有意记忆。而在整个幼儿期，无意记忆的效果都优于有意记忆。

（2）无意记忆效果随着年龄增长而提高。给小、中、大三个班的幼儿讲同一个故事，事先不要求记忆，过了一段时间以后，进行检查。结果发现，年龄越大的幼儿无意记忆的效果越好。由于记忆加工能力的提高，幼儿无意记忆继续有所发展。

（3）无意记忆是积极认知活动的副产物。幼儿的无意记忆，不是由于幼儿直接接受记忆任务和完成记忆任务而产生的，而是幼儿在完成感觉和知觉和思维任务过程中附带产生的结果，是一种副产品。事实证明，幼儿的认知活动越积极，其无意记忆效果越好。

幼儿无意记忆的效果与以下因素相关。

① 客观事物的性质。直观、形象、具体、鲜明、多动的事物，以其突出的物理特点，容易引起幼儿的集中注意，也容易被幼儿在无意中记住。

② 客观事物与幼儿主体的关系。对幼儿生活具有重要意义的事物，幼儿感兴趣的事物，能激起幼儿愉快、不愉快等强烈情绪体验的事物，都比较容易成为幼儿注意和感觉和知觉的对象，也容易成为其无意记忆的内容。

③ 幼儿认识活动的主要对象或活动所追求的事物。教师发给幼儿 15 张图片，每张图片中央画有幼儿熟悉的物体，图片的右上角画有同样醒目的符号，如"△""＋""○"等。教师把

幼儿分为两组，一组的任务是按物体的特点分类，如把猫和狗放在一起；另一组的任务是按符号分类，如把有"△"符号的放在一起。分类完毕后，教师要求幼儿回忆各图片上的物体。结果显示，按图片所示进行物体分类的幼儿，平均记住 10.6 个物体；按符号进行物体分类的幼儿，平均只记住 3.1 个物体。这说明由于活动中辨别的主要对象不同，幼儿对图形的无意记忆的效果也不同。

如果使记忆对象成为幼儿活动任务中的注意对象，幼儿在活动过程中始终不能离开对该对象的认知，那么，对这种对象进行无意记忆的效果就较好。

④ 活动中感官参与的数量。多种感官参与的无意记忆效果较好。教师将同一年龄班的幼儿分为甲、乙两组进行实验，学习同一首歌。第一次，甲组幼儿边看图片边听歌词；乙组幼儿不用图片，只听歌词。第二次，两组幼儿交换记忆方法，学另一首儿歌。结果，通过视听两个通道记忆时，幼儿平均得分为 76.7 分，而单纯通过听觉记忆的平均成绩仅为 43.6 分。这说明多种感官参与有助于提高无意记忆的效果。

⑤ 活动动机。活动动机不同，无意记忆的效果也不同。比如，幼儿在竞赛性游戏中积极性较高，无意记忆的效果往往较好。

2. 有意记忆逐渐发展

有意记忆的发展，是幼儿记忆发展中最重要的质的飞跃，幼儿有意记忆的发展有以下特点。

（1）幼儿的有意记忆是在成人的教育下逐渐产生的。成人在日常生活和组织幼儿进行各种活动时，经常向他们提出记忆的任务。在讲故事前，成人预先向幼儿提出复述故事的要求，幼儿背诵儿歌时，要求他们尽快记住。这一切，都是促使有意记忆发展的手段。

（2）有意记忆的效果依赖于对记忆任务的意识和活动动机。幼儿意识到记忆的具体任务，能强化幼儿有意记忆的效果。比如，幼儿在玩"开商店"游戏时，担任"顾客"的角色，"顾客"必须记住应购物品的名称，角色本身使幼儿意识到这种记忆任务，因而也就努力去记忆，记忆效果也有所提高。

（3）幼儿有意再现的发展先于有意记忆。研究表明，幼儿达到有意再现的年龄略早于有意记忆。在不同的活动条件下，幼儿有意记忆和有意再现的水平有所不同。在实验室条件下，这种水平最低，在游戏和完成实际任务的条件下，这种水平较高。

（二）记忆的理解和组织程度逐渐提高

1. 机械记忆用得多，意义记忆效果好

（1）机械记忆用得多。这可能出于两个原因：一是幼儿大脑皮质的反应性较强，感觉和知觉一些不理解的事物也能够留下痕迹；二是幼儿对事物理解能力较差，对许多记忆材料不理解，不会进行加工，只能死记硬背，进行机械记忆。

（2）意义记忆的效果优于机械记忆。许多材料证明，幼儿对理解了的材料，记忆效果较好。在日常生活中，幼儿对儿歌的记忆比不理解的诗歌效果好。曾有研究者对幼儿记忆常见物体和不熟悉的无意义图形的效果进行比较，结果发现，幼儿记忆常见物体的效果明显优于不熟悉的无意义的图形。

另外，幼儿对理解了的内容记忆保持的时间也较长。其主要原因如下。

第一，意义记忆是通过对材料的理解而进行的。理解使记忆的材料和过去头脑中已有的知识经验联系起来，便于幼儿把新材料纳入已有的知识经验系统中。

第二，机械记忆只能把事物作为单个的孤立的小单位来记忆。意义记忆使记忆材料互相联系，从而把孤立的小单位联系起来，形成较大的单位或系统。

2. 机械记忆和意义记忆都在不断发展

在整个学前期，无论是机械记忆还是意义记忆，其记忆效果都随着年龄的增长而有所提高。

年龄较小的幼儿，意义记忆的效果比机械记忆要好得多；而随着年龄增长，两种记忆效果的差距逐渐缩小，意义记忆的优越性似乎降低了。

这种现象并不表明机械记忆的发展越来越迅速，而是由于年龄增长后，意义记忆和机械记忆效果的差异减少，机械记忆中加入了越来越多的理解成分，机械记忆中的理解成分使机械记忆的效果有所提高。

（三）形象记忆占优势，语词逻辑记忆逐渐发展

幼儿形象记忆与语词逻辑记忆效果的比较如表 4-1 所示。

表4-1　幼儿形象记忆与语词逻辑记忆效果的比较

年龄（岁）	平均再现量		
	物体形象	语词	两种记忆效果比较
3～4	3.9	1.8	2.1∶1
4～5	4.4	3.6	1.2∶1
5～6	5.1	4.6	1.1∶1
6～7	5.6	4.8	1.1∶1

1. 形象记忆的效果优于语词逻辑记忆

形象记忆是根据具体的形象来记忆各种材料。在幼儿语言发展之前，其记忆内容只有事物的形象，即只有形象记忆。在幼儿语言发生后，贯穿整个幼儿期，形象记忆仍然占主要地位。

2. 形象记忆和语词逻辑记忆都随着年龄的增长而发展

幼儿期形象记忆和语词逻辑记忆都在发展。逻辑从表 4-1 中可以看到，3～4 岁幼儿无论是形象记忆或者是语词记忆，其水平都相对较低。其后，两种记忆的水平都随年龄的增长而增长。

3. 形象记忆和语词逻辑记忆的差别逐渐缩小

如果我们计算一下表 4-1 中两种记忆效果的比率，就可以看出，两者的差距日益缩小。因为随着年龄的增长，形象和语词都不是单独在幼儿的头脑中起作用，而是有越来越密切的相互联系。一方面，幼儿对熟悉的物体能够叫出其名称，那么物体的形象和相应的词就紧密联系在一起。另一方面，幼儿所熟悉的词也必然建立在具体形象的基础上，词和物体的形象是不可分割的。

（四）幼儿记忆的意识性和记忆方法逐渐发展

幼儿有意记忆和意义记忆的发展，意义记忆对机械记忆的渗透，语词逻辑记忆对形象记忆的渗透以及它们的日益接近，都反映了幼儿记忆过程的自觉意识性和记忆策略、方法的发展。

第四节　学前儿童记忆力的培养

一、利用游戏

"哪里没有兴趣，哪里就没有记忆。"歌德的话正好说中了学前儿童的记忆特点。明智的教师或家长绝不会"命令"学前儿童记住这、记住那，而是让学前儿童在玩中学、玩中记。只要想想"你拍一，我拍一，早早睡觉早早起……"这样的拍手歌，就不难想象利用游戏可以让学前儿童无意间记住多少东西了。可以用来训练学前儿童记忆力的游戏有很多，如念歌谣、讲故事、猜谜语、唱儿歌等。

二、明确任务

我们在一般情况下不去记走过的楼梯是多少台阶，但是，如果跟学前儿童说："数数楼梯有多少台阶，好去告诉姥姥。"学前儿童准会记牢。又如，家长给学前儿童讲故事，先跟他说："妈妈讲个故事，回头你再讲给爸爸听。"这也能促使学前儿童记好你讲的故事。为什么？就是因为明确了任务。记忆的任务、目的明确，可以提高大脑皮层有关区域的兴奋性，形成优势兴奋中心，因而记得牢。

三、充分理解

什么算理解？即新知识与脑子里原有的知识经验"挂上钩"。一旦挂上钩，也就容易记住了。应充分利用学前儿童已有的知识经验，使他们学的新知识与脑子里的旧知识建立联系。

四、附加意义

要记的内容有意义，在理解之后再去记效果会更好。具体方法如下。

1. 假想法

例如，要让学前儿童记住某座山的海拔为 12365 英尺，就可以把这座山假想为"两岁"的山，即前两位数想成 12 个月（为一岁），后 3 位数想成 365 天（为一岁），这样就很容易记住了。

2. 谐音法

例如，为了记忆圆周率 $\pi \approx 3.1415926$，有人将圆周率数字的谐音编了一句顺口溜："山巅一寺一壶酒，尔乐苦煞吾，把酒吃，酒杀尔，杀不死，乐而乐"

3. 形象法

看图识字要算最典型的形象法了。如识记阿拉伯数字的字形：1 像铅笔细长条，2 像小鸭水上漂，3 像耳朵听声音，4 像小旗随风飘，5 像鱼钩来钓鱼，6 像豆芽咧嘴笑，7 像镰刀割青草，8 像麻花拧一遭，9 像勺子能吃饭，0 像鸡蛋做蛋糕。

4. 歌诀法

比如"一三五七八十腊，三十一天整不差"的歌诀，可以帮助学前儿童很快记住哪个月份是 31 天。

五、多种感官并用

有个实验，实验中以 10 张图片为材料，实验结果表明单凭听觉记的效果为 60％，单凭视觉记的效果为 70％，而视、听觉和语言活动协同进行，记忆效果为 86.3％。这是因为多种感官参与记忆活动，可以在大脑皮层建立多通道的神经联系。

六、反复强化

明朝有位很有学识、记忆力很强的人名叫张溥，他锻炼自己记忆的方法是：一篇文章，先读一遍，再抄一遍，如此反复 7 次，然后烧掉。张溥所用的就是反复强化法。至于学前儿童，因其记忆保持的时间短，就更需要经常强化，以巩固记忆了。

拓展阅读：艾宾浩斯遗忘曲线

德国心理学家艾宾浩斯（H.Ebbinghaus）研究发现，遗忘在学习之后立即开始，而且遗忘的进程并不是均匀的。最初遗忘速度很快，以后逐渐放缓。他认为"保持和遗忘是时间的函数"，他用无意义音节（由若

扫一扫4-3 遗忘规律

干音节字母组成、能够读出、但无内容意义即不是词的音节）作为记忆材料，用节省法计算保持和遗忘的数量，并根据他的实验结果绘成描述遗忘进程的曲线，即著名的艾宾浩斯记忆遗忘曲线（见图4-1）。

这条曲线告诉人们：在学习中的遗忘是有规律的，遗忘的进程很快，并且先快后慢。观察曲线，你会发现，学得的知识在一天后，如不抓紧复习，就只剩下原来的33.7%。随着时间的推移，遗忘的速度减慢，遗忘的数量也减少。有人做过一个实验，两组学生学习一段课文，甲组学生在学习后不复习，一天后记忆率为36%，一周后只剩13%。乙组学生按艾宾浩斯记忆规律复习，一天后保持记忆率为98%，一周后为86%。乙组学生的记忆率明显高于甲组学生。

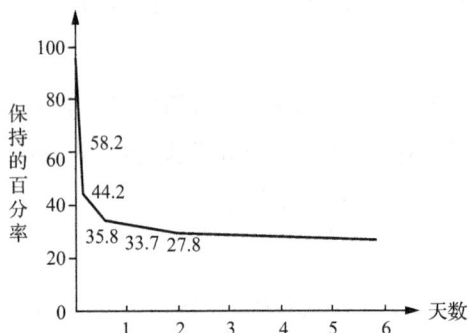

图4-1　艾宾浩斯遗忘曲线

【本章小结】

记忆就是过去的经验在人脑中的反映。大脑感觉和知觉过的事物，思考过的问题和理论，体验过的情感和情绪，练习过的动作等，都是记忆的内容。

记忆是大脑的一种复杂而又积极的心理过程，包括记忆、保持、恢复（再认或回忆）这几个密不可分的环节，是"整个心理活动的基本条件"。

新生儿记忆的一个重要表现是对熟悉的事物产生"习惯化"：一个新异刺激出现时，新生儿会产生定向反射——注意它一段时间。如果同样的刺激反复出现，新生儿对它注意的时间就会逐渐减少甚至完全消失。

学前儿童记忆的发展趋势：记忆保持时间延长，记忆容量增加，记忆内容发生变化，记忆的意识性与记忆策略形成。

学前儿童记忆发展的特点：无意记忆占优势，有意记忆逐渐发展；记忆的理解和组织程度逐渐提高；形象记忆占优势，语词逻辑记忆逐渐发展；记忆的意识性和记忆方法逐渐发展。

【思考与练习】

一、填空题

1. 记忆是人脑对 _____ 的反映。

2. 学前儿童最早出现的是 _____ 记忆。

3. 学前儿童记忆发展中易出现的问题是 _____ 和 _____。

4. 当要求学前儿童记住某样东西时，他们往往记住的是和这样东西一道出现的其他东西，这是 _____。

二、单项选择题

1. 学前儿童记忆的基本特点是（   ）。

    A. 有意记忆占优势，无意记忆逐渐发展

    B. 机械记忆的效果优于意义记忆的效果

    C. 词语记忆占优势，形象记忆逐渐发展

    D. 无意记忆占优势，有意记忆逐渐发展

2. 学前儿童最早出现的是（   ），最晚出现的是语词记忆。

    A. 情绪记忆   B. 语词逻辑记忆

    C. 形象记忆   D. 运动记忆

3. （2014年真题）按顺序呈现"护士、兔子、月亮、救护车、胡萝卜、太阳"图片让儿童回忆，儿童回忆说：刚看到了救护车和护士，兔子与胡萝卜太阳与月亮。这些儿童运用的记忆策略为（   ）。

    A. 复述策略   B. 精细加工策略

    C. 组织策略   D. 习惯化策略

三、判断题

1. 婴儿"认生"现象就是语词逻辑记忆的表现。（   ）

2. 在学前儿童的记忆中，形象记忆占主要地位，语词逻辑记忆正在迅速发展。（   ）

3. 机械记忆效果好于意义记忆。（   ）

4. 机械记忆和意义记忆相互排斥对立。（   ）

四、简答题

1. 学前儿童有哪些记忆特点？教师应该怎样利用这些记忆特点对学前儿童进行科学的记忆指导？

2. 记忆策略对学前儿童心理发展有哪些帮助？

第五章

学前儿童想象的发展

【学习目标】

    1. 识记想象的概念和分类，理解学前儿童想象的主要特征

    2. 能初步分析现实生活中的学前儿童想象，能够在教育活动中培养学前儿童的想象力

【学习重点和难点】

重点：

1. 学前儿童想象的分类

2. 学前儿童想象的主要特征

难点：

在教育活动中培养学前儿童的想象力

【引入案例】

一个晴朗的上午，我带孩子们走出教室。孩子们很兴奋，一会儿看看美丽的花朵，一会儿又仰头看看天空。这时小洁指着天空大声喊："看！天上的白云好像我们吃的棉花糖。""这个像条大鱼哎！""我好想到白云上边去玩啊！""白云肯定像蹦蹦床一样好玩！"越来越多的幼儿看着天空愉快地想象起来。突然，兰兰"哇"的一声哭了起来"呜，不要，掉下来会摔死的……"

问题：1. 请尝试结合案例分析学前儿童想象的主要特征。

2. 教师应怎样在活动中培养学前儿童的想象力？

带着这些问题，我们进入本章的学习。

第一节 想象概述

一、想象的概念和分类

（一）想象的概念

想象是人脑对已有的表象进行加工改造从而形成新形象的心理过程。案例中，学前儿童把白云想象成棉花糖、大鱼和蹦蹦床等，就是把已有的棉花糖、大鱼、蹦蹦床等表象进行加工改造从而形成新形象的过程。

扫一扫5-1 想象的概念

想象，归根结底是对客观现实的主观反映。首先，想象的原材料是已有表象是对客观事物的反映。想象中的新形象无论多么新颖离奇，我们总能在客观现实中找到它的组成部分。如《西游记》中的孙悟空，就是创作者利用其感觉和知觉过的记忆表象（人和猴子）在头脑中加工改造，重新组合成新形象（孙悟空）的结果。其次，想象是人的主观活动。不同的人可以加工创造出不同的新形象，所以每个人的想象是不同的。

（二）想象的分类

1. 按照想象的目的性和自觉性划分

（1）无意想象。无意想象也称不随意想象，是指没有预定目的和意图，在一定刺激下不由自主进行的想象。如之前案例中，学前儿童把天上的白云想象成棉花糖和大鱼，就是无意想象。无意想象实际上是一种自由联想，不要求意志努力，意识水平低，是学前儿童想象的典型形式，也是最简单、最初级形式的想象。

【知识拓展】

梦是什么？

我们睡觉时经常会做梦，梦是什么？人们有过各种猜测。

心理学认为，梦是无意想象的一种极端形式，梦是人在睡眠状态的一种漫无目的、不由自主的奇异想象。依据巴甫洛夫的解释，人在睡眠时，大脑皮层产生一种弥漫性抑制，由于抑制发展不平衡，皮层的某些部位出现活跃状态，暂时神经联系以意想不到的方式重新组合而产生各种形象，就出现了梦。梦的内容是做梦者曾经经历过的事物的形象，这说明梦境的材料来自于客观现实，是客观现实的反映。做梦，是脑功能正常的表现，它不仅无损于身体健康，而且对脑正常功能的维持是必要的。

（2）有意想象。 有意想象也称随意想象，是指根据一定的目的，自觉地创造出新形象的过程。如：学前儿童在角色游戏中想扮演医生，找不到医药箱时，就把牛奶箱贴上红十字当作医药箱等。

2. 根据想象内容的新颖性、独特性和创造性划分

（1）再造想象。再造想象是根据言语的描述和图样的示意，在人脑中形成相应新形象的过程。如：学前儿童听老师讲《三只小猪》的故事后，头脑中形成三只小猪和大灰狼的形象。

（2）创造想象。创造想象指根据一定的目的和任务，在头脑中独立创造新形象的过程。科学家的发明创造，如爱迪生发明电灯就是一种创造想象。创造想象比再造想象更复杂，具有很大的独特性和创造性。

【知识拓展】

幻想是想象吗？

心理学认为，幻想是一种与个人生活愿望相结合并指向未来的想象。如：小明说自己长大了要当医生，这样就可以给妈妈治病了。

幻想包括理想和空想。理想是符合客观发展规律的，经过努力能实现的幻想，它是一种积极的幻想。空想是违背客观发展规律的，不能实现的幻想，它是一种消极的幻想。

二、想象在学前儿童心理发展中的作用

（一）想象在学前儿童学习中具有重要作用

人们在认识客观事物过程中，可以通过直接感觉和知觉去获得认识，但不可能事事都通过直接感觉和知觉去学习(如爸爸小时候的玩过那些游戏)，有必要通过他人描述等间接方式学习。人们在获取间接认识的过程中，就要通过想象来构建新形象从而获得新知识。想象可以帮助学前儿童掌握抽象的概念，理解较为复杂的知识，创造性地完成学习任务。

（二）想象在学前儿童游戏中起着关键作用

很多游戏都需要学前儿童借助想象才能进行，如：角色游戏"娃娃医院"中，有的学前儿童穿上白大褂扮作医生，有的学前儿童用手捂着脸"哎呦、哎呦"地假装牙疼，这些都是学前儿童借助想象开展的游戏情节。结构游戏"盖房子"中，有的学前儿童用纸盒当房子，把彩纸贴在上面当窗户等。在这些游戏中，学前儿童依靠想象来改变材料功能、变换角色、创编情节，从而推动游戏深入进行。

（三）想象的发展是学前儿童创造性思维发展的核心

人的创造力主要表现在创造性思维上，而创造性思维一般分为：知觉、灵感和想象。对于学前儿童来说，创造思维的核心就是想象。丰富的想象就是学前儿童创造思维的表现，如：学前儿童画的"月亮上荡秋千"就充满了丰富的想象，获得了创造性思维水平很高的评价。

第二节　学前儿童想象的主要特征

婴儿的想象尚处于萌芽状态。学前儿童的知识经验积累得更多，因此学前儿童在学习、游戏等活动中，想象越来越活跃。学前儿童期想象发展的主要特征表现如下。

一、无意想象为主，有意想象开始发展

在学前儿童的想象中，无意想象占主要地位，学前儿童想象的无意性具体表现在以下方面。

扫一扫5-2　想象的主要特征

（一）想象无预定目的，常由外界刺激引起

学前儿童想象的产生，常常是由外界刺激直接引起的，想象活动不能指向一定的目标。例如：学前儿童绘画时，开始不知道自己要画什么，画了一个圆，老师说看着像苹果，学前儿童就说自己画了一个苹果。可见学前儿童往往是在行动中看到了自己无意中创造的物体形态，或由外界刺激下才想象自己作品的意义。

（二）想象主题不稳定，内容零散

学前初期，学前儿童的想象很难按一定目的坚持下去，很容易从一个主题转换到另一个主题。主题的不稳定导致学前儿童想象的内容是零散的。如：学前儿童在玩结构游戏时，一会儿搭高楼，一会儿拼汽车，一会儿做手枪，拼搭出来很多物体形象，它们之间却没有有机的联系。

（三）想象过程受兴趣和情绪的影响

学前儿童对于感兴趣的学习和游戏，就能长时间地去想象，专注于这个活动；而对不感兴

趣的活动就会缺乏想象，消极应付或远离这个活动。学前儿童在想象中常表现出很强的情绪性，情绪高涨时，他们的想象就活跃。如：学前儿童玩"夏日烧烤店"游戏，高兴时"厨师"就能做出多种口味的烧烤，"顾客"就能吃得赞不绝口，大家一起玩得不亦乐乎，迟迟不肯结束游戏。

除无意想象外，学前儿童的有意想象也在教育的影响下开始发展。到学前儿童园中班时，学前儿童的想象已具有一定的有意性和目的性。如：教师讲乌鸦和狐狸的故事，讲完前半部分后，学前儿童会续编故事的结尾。这说明学前儿童已有明确的想象目的，想象的有意性开始发展了。大班以后，学前儿童的有意想象逐步发展。他们能按照成人的要求、方向进行想象活动，想象的主题也趋于稳定。如：大班在进行结构游戏"火车站"，确定主题"火车站"后，学前儿童能够想象并拼搭出售票厅、候车厅、火车、轨道、站台等，来完善主题，丰富游戏内容。

二、再造想象为主，创造想象开始发展

在整个学前时期，学前儿童的想象是以再造想象为主的，表现为想象在很大程度上具有复制性和模仿性。例如：学前儿童玩布娃娃时，将其抱在怀中，哼着歌曲哄它睡觉。这些都离不开学前儿童的生活经验，实际上是学前儿童在模仿妈妈的动作。

学者李山川等人把学前儿童再造想象从内容上分为以下4种类型。

（一）经验性想象

经验性想象，即凭借个人的生活经验展开的想象。例如：哄布娃娃睡觉的想象就是自己生活中的经验。

（二）情境性想象

情境性想象，即由当前的情境所激发的想象。例如：学前儿童看到白云想到棉花糖和蹦蹦床。

（三）愿望性想象

愿望性想象，即在想象活动中表现自己的愿望。例如：小明长大后想当医生，给妈妈治病。

（四）拟人化想象

拟人化想象，即把客观物体想象成人，用人的生活、思想、情感、语言等去描述。例如：学前儿童指着小鱼对妈妈说：小鱼说它饿了让我喂它吃面包。

随着言语的发展和抽象概括能力的提高，学前儿童的再造想象中开始出现一些创造性成分。到了学前中期，创造想象开始出现。例如：在复述故事时，学前儿童会加上一些自己想象的情节。学前儿童的创造想象存在明显的个体差异，这与其神经活动类型的灵活性有关，更重要的是受教育环境的影响。

三、想象有时和现实相混淆

学前儿童常将想象的东西与现实相混淆，这是学前儿童想象的一个突出特点，具体表现在以下方面。

（一）把渴望得到的说成已经得到的

学前儿童有时会把自己渴望得到的说成已经得到的，尤其是看到其他小朋友有而自己没有的东西时。如：康康看到小静正在玩电动玩具汽车，就说"我家也有"，其实他家没有。

（二）把希望发生的当成已经发生的事情来描述

例如：婷婷周末想去游乐园玩，但是天气不好没能去成。周一开学后，她对小朋友说："我去游乐园玩了。"

（三）在参加游戏或欣赏文艺作品时，往往身临其境

学前儿童在参加游戏或欣赏文艺作品时，往往身临其境，有时会把自己当成游戏中的角色，产生同样的情绪反应。

【案例链接】

小兔子乖乖

一位老师在给小班学前儿童讲"小兔子乖乖"的故事。当讲到小兔子没有听妈妈的话把门打开，大灰狼突然扑了进来时，老师假装大灰狼"嗷"的一声向学前儿童扑过去，很多学前儿童慌张地躲藏，兰兰吓得哇哇直哭。

学前儿童为什么会把想象和现实相混淆？究其原因，一是学前儿童感觉和知觉分化发展不足，往往意识不到事物的异同，分不清真假。例如，有的学前儿童看见假扮的大灰狼以为是真的大灰狼来了，吓得哇哇直哭。二是学前儿童认识水平不高，有时把想象、表象和记忆想混淆。例如：学前儿童特别想去游乐园，反复想象游乐园的情境在头脑中留下了深刻的印象，以至于似乎变成记忆中的事情了，就说自己去过了。学前儿童基于以上原因有时会把想象和现实混淆，随着年龄增长和认知能力的增强，中、大班学前儿童这种情况已经减少。

作为学前教育工作者，不能把学前儿童所说的与事实不符合的话简单归结为说谎，更不能因此严厉地责备学前儿童，应该首先深入了解弄清真相。如果学前儿童出现想象与现实相混淆的问题，要耐心引导学前儿童，帮助他们分清想象和现实。

第三节 学前儿童想象的培养

学前儿童的想象在学习、游戏中有重要作用，我们要注重学前儿童想象力的培养，在活动

中发展学前儿童的想象。

一、丰富学前儿童的表象、发展学前儿童的语言表现力

想象是改造旧表象、创造新形象的过程。表象是想象的材料，表象越丰富、准确，想象越新颖、越合理。因此教师要在各种活动中，丰富学前儿童的感性知识经验，多采用实物或直观教具，帮助学前儿童积累丰富表象，为想象提供条件。

语言可以表现想象，语言水平直接影响想象的发展。学前儿童在用语言表达自己的想象内容时，能进一步激发其想象活动，使想象内容更加丰富。

【案例链接】

大班艺术活动"石头画"

在活动过程中，教师先让大班幼儿观察、描述一些石头的颜色和形状，然后想象哪块石头像什么？可以做成什么？

有的幼儿说：圆圆的石头像西瓜，就是颜色不对，要是绿色的就好了。教师拿来绿色水粉颜料，幼儿高兴地给石头涂上花纹，一件西瓜石头画作品就完成了。

二、在各种活动中发展学前儿童的想象力

（一）在文学活动中创造学前儿童想象发展的条件

文学活动中的讲故事能发展学前儿童的再造想象。学前儿童可以通过听故事并复述内容，在头脑中再造故事形象和情节，并用语言表现出来。

文学活动中的故事创编能促进学前儿童创造想象的发展。如"龟兔赛跑"故事创编中，有的学前儿童就想象乌龟游泳赢得比赛。

（二）在艺术活动中促进学前儿童想象力的发展

艺术活动中的绘画，特别是主题画和意愿画，能够引导学前儿童按一定主题想象，创造出各种新形象。如："多功能车""天空有路不堵车"等，展现了学前儿童丰富的想象力。

艺术活动中的音乐和舞蹈，也能促进学前儿童想象力的发展。学前儿童可以听音乐猜情境，发挥想象力；也可以在欣赏舞蹈后，自己伴随音乐情境创编舞蹈动作。

（三）在游戏活动中鼓励学前儿童大胆想象

游戏是学前儿童的主要活动，积极组织开展各种各样的游戏活动，在活动中鼓励学前儿童大胆想象。

幼儿教师组织学前儿童进行角色游戏时，可以引导学前儿童利用各种游戏材料代替真实物

品，鼓励学前儿童大胆想象游戏情节。例如：在学前儿童园"夏日烧烤店"游戏中，教师给学前儿童提供泡沫垫板、彩泥等材料，引导学前儿童利用材料创作出各种特色烤串，并大声吆喝介绍，从而招揽顾客。

教师组织学前儿童进行体育游戏时，尽量给学前儿童准备多种玩法的玩具，如球、呼啦圈等，引导学前儿童大胆想象，发明更多新的玩法使学前儿童的想象更活跃。

【本章小结】

想象是人脑对已有的表象进行加工、改造从而形成新形象的心理过程。

想象按照不同标准可分为不同种类。按照想象的目的性和自觉性划分，想象可以分为无意想象和有意想象；根据想象内容的新颖性、独特性和创造性的不同，想象可以分为再造想象和创造想象。

想象在学前儿童学习中有重要作用，在学前儿童游戏中起着关键作用。想象的发展是学前儿童创造性思维发展的核心。

学前儿童想象发展主要有以下特征：无意想象为主，有意想象开始发展；再造想象为主，创造想象开始发展；有时会把想象和现实相混淆。

我们要丰富学前儿童的表象，发展学前儿童的语言表现力，更要在各种活动中发展学前儿童的想象力。

【思考与练习】

一、填空题

1. _____ 的发展是学前儿童创造思维发展的核心。

2. 根据想象内容的新颖性、独特性和创造性，想象可以分为 _____ 和 _____ 。

二、单项选择题

1. 在学前儿童的绘画中，我们可以发现学前儿童画的大象头特别大，鼻子特别长，这说明（   ）。

    A. 学前儿童想象的独特性

    B. 学前儿童想象的夸张性

    C. 学前儿童想象的情绪性

    D. 学前儿童想象不受外界刺激的影响

2. 学前儿童在游戏中，一会儿当"医生"，一会儿当"工人"。这表明（   ）。

    A. 想象的主题不稳定

    B. 想象的内容零散、无系统

C. 以想象过程为满足，没有目的性

D. 想象受情绪和兴趣的影响

3. 有个孩子很喜欢长颈鹿，有一天他对小朋友说："我家有一头真的长颈鹿。"这说明（　　　）。

A. 学前儿童想象的独特性

B. 学前儿童的想象易与现实相混淆

C. 学前儿童想象的情绪性

D. 学前儿童想象不受外界刺激的影响

4. 学前儿童无意想象和有意想象的发展表现为（　　　）。

A. 无意想象占主要地位，有意想象开始发展

B. 无意想象开始萌芽，并成为学前儿童想象的典型形式

C. 有意想象占主要地位，无意想象已趋完善

D. 无意想象和有意想象在学前儿童生活中占同等重要地位

5. 学前儿童听老师讲《西游记》的故事，仿佛看见了孙悟空大闹天宫的情景，这是（　　　）。

A. 逻辑思维

B. 创造想象

C. 综合想象

D. 再造想象

6. （2012年真题）在同一张桌子上绘画的学前儿童，其想象的主题往往雷同。这说明学前儿童想象的特点是（　　　）。

A. 想象无预定目的，由外界刺激直接引起

B. 想象的主题不稳定，想象方向随外界刺激变化而变化

C. 想象的内容零散，无系统性，形象间不能产生联系

D. 以想象过程为满足，没有目的性

三、简答题

1. 学前儿童想象的主要特征是什么？

2. 学前儿童无意想象的特征是什么？

四、实例分析题

1. 案例：某学前儿童特别喜欢听古典音乐，他也很崇拜音乐家。有一天，他跟妈妈说："今天，肖邦叔叔到我们幼儿园来了，还给我们弹钢琴呢！"妈妈听了吓了一跳，以为孩子在说谎。

问题：请根据学前儿童想象的有关原理，对此加以分析。

2. 案例：4岁的冰冰这段时间很让妈妈头疼。前几天，冰冰吵着要妈妈带自己去吃德克士，

可妈妈因为太忙一直没带他去。但是，冰冰却和小朋友炫耀说妈妈带他去吃了德克士。更让妈妈尴尬的是，冰冰竟然还煞有其事地告诉爷爷、奶奶，说过几天妈妈要带他去国外，而且去了就不回来了，弄得老人来质问妈妈。

问题：你认为案中的冰冰是个爱撒谎的孩子吗？为什么？家长对此应该如何教育引导？

五、论述题

教师在活动中如何发展学前儿童的想象力？

六、实训

1. 测量项目和评估标准

教师让学生参考表 5-1 测量和评估学前儿童想象的发展。

表5-1　学前儿童想象发展等级

测量项目	A级	B级	C级
目的性	能根据活动的目的自觉制订活动的主题，并能恪守这个主题，直至达到活动目的	能根据成人的要求有意识地进行想象，但在想象的过程中会出现主题不稳定的现象	常常处于无意想象状态，想象的主题容易变化，想象的过程比较明显受情绪、兴趣的影响
丰富性	能围绕一个主题展开想象，想象的内容涉及3个以上不同的维度，或者想象形象的数量在4个以上	围绕一个主题，想象的内容能涉及两个以上的维度，或者想象形象的数量在3～4个	想象的内容比较贫乏，只能从单维度进行想象，或者想象形象的数量在2个以下
创造性	能不依赖成人的启发，独立地进行想象	除了按成人的语言描述或图画的指示进行想象外，还能按自己的意图展开想象，想象的成果有一定的新颖性	想象的展开往往需要成人的语言帮助或要依靠图画的指示，想象的成果体现出对现实生活的复制性和模仿性

2. 测评方法

测评方法有观察法、作品分析法、测验法。

3. 实施范例

（1）测验目的：测验学前儿童想象的灵活性、丰富性、新颖性。

（2）测验内容：看看像什么。

（3）测验准备：一张自制印染画（将颜色水沾在纸中央，将纸对折成不规则的图形）。

（4）测验步骤：

① 教师让学前儿童明确想象任务。

教师指导语：请你看看这张图，说说像什么，说的内容越多越好。

② 教师让学前儿童表达并记录，填入表 5-2 中。

表5-2 记录表格

学前儿童姓名	想象形象名称	种类	得分
×××			
×××			
……			

评定标准：根据学前儿童想象形象的数量（丰富性）和所说的形象与其他学前儿童相比的独到之处（新颖性、灵活性）进行评定。其中，小班幼儿说出 3 个形象，中班幼儿说出 4 个形象，大班幼儿说出 5 个形象为"好"；小班幼儿说出 2 个形象，中班幼儿说出 3 个形象，大班幼儿说出 4 个形象为"中"；小班幼儿说出 1 个形象，中班幼儿说出 2 个形象，大班幼儿说出 3 个形象为"差"。

第六章

学前儿童思维的发展

【学习目标】

1. 掌握学前儿童思维发展的特点
2. 了解学前儿童掌握概念的特点
3. 了解皮亚杰的儿童思维发展理论

【学习重点和难点】

重点：学前儿童思维发展的阶段

难点：学前儿童思维发展的特点

【引入案例】

请一个 2 岁左右的孩子想一想："怎样才能把放在桌子中央的玩具拿下来？"听到任务，这个孩子没有任何"想"的表现，而是马上去"拿"。他伸长胳臂去拿，拿不到；围着桌子转，踮起脚尖，再伸手，还是拿不到；偶然扯动桌布，桌子上的玩具移动了一点，这个孩子马上用力一拉，玩具就到了手边。学前儿童最早的思维就是这样依靠动作进行的。

学前儿童思维的发展都有哪些特点呢？让我们一起来学习吧！

第一节 思维的概述

一、思维的概念

（一）思维的定义

思维是人脑对客观现实的本质属性、内部规律的自觉、间接和概括的反映。

"思维"一般包含两个要素，即"思维对象"和"思维主体"。这两个要素相互联系，构成了一次具体而完整的思维活动；同时两个要素之间也相互作用，共同对思维的方法和结果产生重要影响。

第一，任何思维都要有"对象"。思维对象就是人们的思维所指向的目标。

第二，任何思维都要有主体。思维主体就是从事思维活动的人。思维主体的实践目的、价值模式和知识储备对于思维的运行、方法和结果将会产生重大影响。当一个思维主体面临多种思维对象的时候，他就会按照这些对象价值的大小排列出轻重缓急，顺序通常是：先处理那些价值最大的，再处理价值中等的，最后处理价值最小的，对于没有价值的则不予理睬。

（二）思维的特性

1. 概括性

概括性是思维最显著的特性。思维之所以能揭示事物的本质和内在规律性的关系，主要得益于抽象和概括的过程。

概括是思维活动的速度、灵活迁移程度、思维广度、思维深度、创造程序等智力品质的基础。概括性越高，知识系统性越强，迁移越灵活，一个人的智力、思维能力、创造能力就越出色。任何科学研究的目的都在于概括出研究所获得的东西。

思维的概括性使人类的认识活动摆脱了对具体事物的依赖性和直接感觉和知觉的局限性，拓宽了人类的认识范围，也加深了人类对事物的理解，为人类更迅速、更科学地认识世界提供了可能。

2. 间接性

思维的间接性就是思维凭借知识经验对客观事物进行的间接反映。

首先，思维凭借知识经验，能对没有直接作用于感觉器官的事物及其属性或联系加以反映。其次，思维凭借知识经验，能对原本不能直接感觉和知觉的事物及其属性进行反映。再次，思维凭借知识经验，能在认识现实事物的基础上进行蔓延式的无止境的扩展。假设、想象和理解，都是以这种思维的间接性为基础的。

正是由于思维的间接性，人类才可能超越感觉和知觉提供的信息，通过"去粗取精，去伪存真，由此及彼，由表及里"的思维活动，认识事物那些没有直接作用于人的感官的各种属性，揭示事物的本质和规律，预见事物的发展和变化。

二、思维与语言的关系

思维的工具是语言。思维是在语言材料基础上进行的，思维的每一步都离不开概念（词）。语言是思维的外壳，是思维的载体。

我们首先要注意到语言的工具性和基础性。语言并不就是思维，因此并不是无时无刻必须有语言才能有思维，那种短暂性的没有语言的思维状态是不违背语言工具性与基础性的。其次，我们要注意到语言的广义性。思维的对象即使暂时还没有相应严格的词语与之对应，但只要它是可被翻译成狭义语言来表示的，就算是"语言"了，比如聋哑人的手语。

第二节　学前儿童思维的发展阶段

人类的许多学科从各自不同的角度研究思维，并从思维发生的角度研究思维是怎样从直觉行动思维发展成具体形象思维，而又最终到达抽象逻辑思维的。学前儿童思维依据不同发展层次可分为直觉行动思维、具体形象思维和抽象逻辑思维。这三种水平的思维反映了学前儿童思维发展的一般趋势。

（一）直觉行动思维

学前儿童与成人一样，都在积极的活动中反映着现实。动作是构建智力大厦的砖瓦，动作发展与心理发展的关系非常密切。学前儿童早期动作的发展水平在某种程度上标志着其心理发展的水平。同时，动作的发展又促进心理的发展。

扫一扫6-1　学前儿童思维发展的阶段

学前儿童早期动作的发展具有重要的心理学价值，学前儿童最初的思维与其动作的发展是分不开的。动作是思维的起点，是解决问题的概括性手段，也就是直觉行动思维的手段。

1. 直觉行动思维的定义

直觉行动思维，也称直观行动思维，指依靠对事物的感觉和知觉，依靠人的动作来进行的思维。直觉行动思维是最低水平的思维。这种思维方式在 2 ～ 3 岁幼儿身上表现最为突出。

这种思维的进行离不开学前儿童自身对物体的感觉和知觉，即具体的情景；也离不开学前儿童自身的动作。学前儿童在进行这种思维时，只能反映自身动作所能触及的具体事物，依靠动作思考，而不能在动作之外思考。正因为这种思维与感觉和知觉、动作不可分离，直觉行动思维一开始就表现出它的范围的狭隘性和内容的表面性。例如：学前儿童看到水就要玩水，看到别人玩球又要玩球，一旦动作停止，对该动作的思维也就停止了。

2. 直觉行动思维的特征

直觉行动性是学前儿童思维的基本特征，也是直觉行动思维的重要特征。

（1）直观性与行动性。学前儿童的思维与他的感觉和知觉和动作密不可分，他不可能在动作之外思考，而是在行动中利用动作进行思考，也就是说，学前儿童思考和解决问题的行为还没有分开来。因此，他不可能预见、计划自己的行动。他的思想只能在活动本身展开，他不是先想好了、再行动，而是边做边想。

（2）出现了初步的间接性和概括性。直觉行动思维的概括性不仅表现在动作之中，还表现在感觉和知觉的概括性上。学前儿童常以事物的外部相似点为依据进行直觉判断。

直觉行动思维一直可延续到幼儿园小班左右（3 ～ 4 岁）。因而，这个时期 的学前儿童的思维仍然带有很大的直觉行动性。只要他们的活动对象和动作一转移，他们的思维也就会随之转移。

（二）具体形象思维

1. 具体形象思维的定义

具体形象思维是指依靠事物的形象和表象来进行的思维，是介于直觉行动思维和抽象逻辑思维之间的一种过渡性的思维方式。

活动范围的扩大，感性经验的增加，语言的丰富，为学前儿童思维的发展创造了有利条件。学前儿童的思维主要依赖于事物的具体形象、表象以及对表象的联想而进行。如学前儿童计算"3 ＋ 4 ＝ 7"时，不会对抽象数字进行加减，而是在头脑中用 3 个手指加上 4 个手指，或 3 个苹果加上 4 个苹果进行计算。这种具体形象是直觉行动思维的演化结果。具体形象正是学前儿童的直觉行动在思维中重复、浓缩而成的表象。在整个学前期，学前儿童思维的变化就是从以直觉行动思维为主，发展为以具体形象思维为主，并且抽象逻辑思维已经有了初步的发展。

2. 具体形象思维的特点

（1）具体性和形象性。由于表象功能的发展，学前儿童的思维逐渐从动作中解脱出来，也从直接感觉和知觉的客体中转移出来，从而较直觉行动思维有更大的概括性和灵活性。但是，由于学前儿童还不善于运用概念、判断、推理来论证复杂的事物，对于抽象问题往往困惑不解，因此他们往往需要依靠具体事物作为思维的支柱，对于脱离形象的抽象概念处理起来比较困难。因而思维仍有很大的局限性，尤其是在处理复杂问题时，具体形象往往会产生干扰作用。

（2）开始涉及事物的属性。小班幼儿往往根据事物的外部特征来认识和区别事物，到了幼儿园中班，幼儿就逐渐能认识事物的属性，开始依据事物的重要特征进行概括。当然，这种概括水平与对事物本质特征的概括还是有很大距离的。他们掌握的所谓概念，往往只与具体的对象联系在一起，与物体的感觉和知觉特点和感觉和知觉的具体情景密切相关，还不能反映该类对象的一般特性。但在他们的经验范围之内，对于熟悉的事物，他们已可以进行逻辑思维。

（三）抽象逻辑思维

抽象逻辑思维，就是使用概念、判断、推理的思维形式进行的思维。人们通过抽象逻辑思维可以认识事物的本质特征以及事物内部的必然联系。

抽象逻辑思维是借助人脑的最高产物——概念来完成的。

5～6岁时，学前儿童的思维从具体形象思维向抽象逻辑思维过渡。但只是抽象逻辑思维的萌芽。例如，有的学前儿童知道"见到女的叫阿姨，见到男的叫叔叔"；看电视时，可以说出好人、坏人，并且已经知道好在哪里，坏在哪里，还会用各种理由来说明；懂得了"5""8"这些数字可以是任何事物的数目——"5"既可以是5个苹果，也可以是5张桌子或5把椅子。

5岁以后，学前儿童明显地出现了抽象逻辑思维的萌芽，具体表现在分析、综合、比较、概括等思维基本过程的发展，概念的掌握、判断和推理的形成，以及理解能力的发展等方面。

学前儿童具有3种思维方式同时并存的现象。在其思维结构中占优势地位的是具体形象思维。当遇到简单而熟悉的问题时，能够运用抽象水平的逻辑思维。而当遇到的问题比较复杂时，又不得不求助于直觉行动思维。

第三节　皮亚杰关于儿童思维发展的理论

皮亚杰认为，儿童的认知发展表现出阶段的特性，每一阶段中儿童思维具有特定的性质。这些特定的性质是由不同的认知结构所决定的。儿童的认知结构是在儿童（认识的主体）与环境对象（认识的客体）相互作用中不断建构的。知识就是主客体相互作用的产物。

认知发展的阶段是皮亚杰理论中的重要内容，也是皮亚杰的一个杰出贡献。正是这一阶段论，向我们揭示了儿童与成人的不同之处，使我们认识到从新生儿到成人，认识的发展不是一个简单的数量的增加，而是一个有着质的差异的发展过程。这个过程分为感觉和知觉运动阶段、前运算阶段、具体运算阶段和形式运算阶段。每个阶段都表明儿童适应环境的一种新的水平。

一、感觉和知觉运动阶段（0～2岁）

这一阶段是智力发展的萌芽期，是思维发展的基础。皮亚杰说，这个时期的心理发展决定着心理演进的整个过程。这时的儿童只能依靠自己的肌肉动作和感觉来应付外界事物，动作必须表现为外部的表现活动，尚未内化，还不能在头脑中进行。用皮亚杰的话讲，这个阶段的儿童是利用感觉和知觉和动作去征服他周围的世界的。儿童通过不断地和外界交往，动作慢慢地协调起来，并逐渐知道自己的动作及其对外物所引起的效果之间的关系，开始有意识地做某个活动。皮亚杰认为，婴儿在出生后的头几个月里不存在客体永久性的观念，具体表现在当一个原先存在于婴儿视野中的物体从他们的视野中消失后，婴儿就不会再去寻找或抓握，表明他们以为物体已经没有了。7个月以后的婴儿才会继续寻找从他们视线中消失的物体，表明他们已经知道物体虽然从视线中消失，但一定在什么地方，表明他们已经获得了客体永久性。客体永久性的获得是儿童早期发展的一个重要里程碑。虽然物体看不见、摸不着，但他们仍然知道这个物体还是继续存在的，他们自己真正成了宇宙间其他因素中的一个因素或实体。

二、前运算阶段（2～7岁）

这一阶段又称前逻辑阶段，指的是处于运算之前并为运算做准备的阶段。皮亚杰所说的运算，并不是我们日常生活中所说的加减乘除四则运算，而是一个特定的概念，指的是内化的可逆的动作，即外部动作在头脑内部进行的一种具有可逆性的心理操作。皮亚杰把前运算阶段儿童的思维叫作自我中心思维时期。这时的动作虽然内化了，但由于尚未形成从事逻辑思维所必需的心理结构，因而还不能进行运算，是具体运算的准备时期。这一时期的儿童只能进行表象思维。

前运算阶段又分为两个子阶段：象征思维阶段和直觉的半逻辑思维阶段。

1. 象征思维阶段（2～4岁）已经出现了象征符号的机能

象征符号的机能指儿童具有应用于一个信号物来表示某些事物的能力。也就是说，儿童能够凭借某种符号（如语言或心理表象）对外界事物加以象征化（即"意义所指"）。皮亚杰认为，意义所指和意义所借的分化就是思维的发生，同时意味着符号系统开始形成。例如，这一时期的儿童喜欢把椅子当汽车开，把小床当舰艇，这实际上就是一种象征化，表明儿童的头脑中有汽车和舰艇的表象，或者说，汽车、舰艇的表象被内化了。这个年龄的儿童沉浸在自己假想的游戏中，是一个正常现象，是一种健康的活动。家长不必为此担心。这时的儿童也能运用言语并形成心理意象，能使用符号在头脑中再现外部世界。但是，这个时期的语词和符号尚不能离开所代表的东西。儿童尚不能形成概念，不能用概念反映事物间的联系或代替一类事物。皮亚杰认为，年幼儿童常常表现出泛灵论倾向，即把任何事物都看作生命的或类似生命的活动，认为任何事物都有意图和动机，如"太阳下山是休息了""花儿开了是因为它喜欢小朋友"等。

这一阶段的儿童往往把在别的地方获得的个别经验应用于对当前事物的解释中。他们还不能做一般的推理，而是徘徊于一般与个别之间的歧途上。由于没有一般性概念，他们常常把个别的现象硬套到另一类现象上。这一阶段儿童的推理不是合乎逻辑的演绎。

2. 直觉的半逻辑思维阶段（4～7岁）

儿童开始从表象思维向运算思维阶段发展，他们的判断仍受到直觉表象自动调节的限制。他们既无归纳推理，也无演绎推理，常常将没有逻辑联系的事情说成因果关系。

这一阶段儿童思维的突出特点是自我中心思想。皮亚杰说："儿童把注意力集中在自己的观点和自己的动作上的现象称为自我中心主义。"自我中心是儿童思维的核心特点，是儿童认知的潜在的出发点，表现在年幼儿童的思维逻辑、言语和关于世界的表象之中。这个阶段的儿童在大多数场合下认为外部事物就是他直接知觉到的那个样子，而不能从事物的内部关系出发去观察事物。这时期儿童的表象和言语，与具体事物的联系还太直接，因而他们紧紧地束缚在他们自己关于世界的观点，不能采取更加客观的观点。皮亚杰经常用"三山"实验（儿童总认为坐在他对面的儿童所见到的山的模样与自己所见的是一个样）来说明这一点。

但是，半逻辑思维阶段孕育着运算思维的萌芽，因为半逻辑思维阶段已开始由只注意单维向双维过渡。

小资料：三山实验——她看见的山是什么样的？

皮亚杰为了解儿童是如何理解他人头脑里的认识而设计了"三山实验"（见图6-1）。实验中让被试坐在三山模型前，问他对面的女孩所看见的山是什么样的。然后请被试从不同方面拍摄的照片中选出一张对方心目中的三山模样。处于自我中心阶段的儿童总认为对方所看到的山就是自己所看到的那样。

图6-1 "三山实验"示意图

三、具体运算阶段（7 ～ 11 岁）

这一阶段的儿童形成了初步的运算结构，运算获得了可逆性。可逆性并不是现实世界的实际现象，而只是人的大脑的智力活动的结果。更确切地说，可逆性是从人的思维活动的逻辑经验中产生出来的。运算的可逆性有两种：一种是反演可逆性，它是形成概念体系（如基本概念与它的上位概念、下位概念）的内部机制；另一种是互反可逆性，它是形成关系认识（如 A=B，B=C，则 A=C；或 A>B，B>C，则 A>C 等）的内部机制。但是，这个阶段的运算离不开具体事物表象的支持。有些问题在具体事物帮助下可以顺利解决，但在口头叙述的情况下做逻辑推理还很困难。另外，这一阶段所获得的两种可逆性仍是彼此孤立的。具体运算虽已协调成一定程度的整体结构，但这些结构还比较低级，儿童还不能把这种具体运算之间的复杂关系在一个系统内整合起来。

这一阶段的儿童解除了自我中心的作用。在同一时间段内，儿童已不再限于集中注意情境或问题的一个方面，而能注意到几个方面，并且也不只注意事物的静止状态，还能注意到动态的转变。正是由于可逆性出现和自我中心的解除，儿童出现了守恒的概念。守恒概念是运算结构是否形成的重要指标。一般来说，6 ～ 7 岁的儿童能掌握连续量守恒（把一个容器内的液体倒入另一个形状不同的容器之中，其量不变）和物质守恒（物质的量不因分割而变化）。9 ～ 10 岁的儿童能掌握重量守恒（把泥球捣烂，其重量和泥球相同）。11 ～ 12 岁儿童能掌握体积守恒（把泥球捣烂，浸在液体里，所占体积与泥球一样）、长度守恒和面积守恒等。随着自我中心的解除，儿童开始能站在别人的角度看问题了，能利用别人的观点来校正自己的观点，并检查自己解决问题的方法是否正确。

四、形式运算阶段（从 11 岁以后）

这一阶段的儿童开始能在头脑中将形式与内容区分开来，不需要考虑特定的事物，甚至不需要真实物体的名称，而能运用语词或其他符号进行抽象逻辑思维，能根据假设或命题进行逻辑演绎推理。这标志着儿童头脑中的认知结构已经完整地建立起来，智力发展趋于成熟。

第四节　学前儿童思维发展的特点

一、0 ～ 3 岁婴幼儿思维的发展

当前对于婴幼儿思维发展的研究，大多集中在问题解决能力（是认知心理学研究的核心问题之一）的发生方面，并取得了一些突破性的进展，获得了丰富的实验材料。

1. 问题解决能力发生的时间

3 个月的婴儿就具有了比较明显的问题解决能力。

2. 问题解决能力的发展——思维的发展

皮亚杰认知发展阶段理论中对婴儿问题解决能力的发展有较为详尽的描述。他在这方面的理论具有广泛而深远的影响。

皮亚杰把婴儿问题解决能力的发展分为以下几个阶段。

（1）0～9 个月。这个阶段内不存在真正的问题解决行为，也就是说在这个阶段之内的婴儿是没有思维活动的。

（2）9～12 个月。本阶段婴儿问题解决能力还是很有限的。他们的问题解决行为缺乏灵活性，不能适应手段——目的之间的协调。首先表现为，婴儿只会从其现有动作、技能体系中选择方法，而不能生成或构造新的方法。其次表现为，婴儿不能根据任务的变化来修改原来成功的办法，而是固执地重复原来的办法。皮亚杰所说的著名的"AB 错误"就是这一现象最典型的表现：这一阶段的婴儿只要先成功地在 A 处找到东西以后，即使后来东西被转移到 B 处，他也仍然坚持在 A 处寻找，而全然不考虑 B 处。

（3）12～24 个月。本阶段幼儿开始能解决越来越复杂的问题，但此时的行为仍缺乏计划性或目的性。

然而，近些年来，关于婴幼儿思维研究的众多成果都与皮亚杰的结论有出入。例如，帕波塞克、伯恩斯坦等人的研究证实，3 个月的婴儿就已经具备了较明显的问题解决能力。另有最新的研究成果表明，婴儿早期（至少 3 月以前）就已经出现了启发式搜索策略的问题解决行为；6 个月的婴儿已能进行模仿；12 个月以前的婴儿就能利用工具来解决问题，并已获得"手段——目的"分析策略。这表明婴幼儿的表征能力在很早的时候就已经产生，推翻了皮亚杰的"表象是感觉和知觉运动阶段的最终成就"的结论。关于婴幼儿模仿的研究、再现记忆的研究、客体永久性的研究等，都从不同程度上证实了这一点。

二、3～6 岁幼儿思维的发展

（一）3～4 岁幼儿的思维仍具有一定的直观行动性

3 岁左右，幼儿思维仍保留很大的直观行动性。他们的思维活动离不开对事物的直接感觉和知觉，并依赖于其自身的行动。

例如：在幼儿园游戏中，如果教师只给幼儿提供娃娃，那么他们就会反复地抱着娃娃玩；如果老师又给他们提供了娃娃的衣服，还有小碗、小勺和小杯等物品，那么他们就不仅会给娃娃穿衣，还会给娃娃喂饭喂水。幼儿园小班的绘画活动中，幼儿思维的直观行动性也非常明显。

扫一扫6-2 幼儿思维的发展特点

（二）4～5岁幼儿的思维以具体形象思维为主

具体形象思维是运用已有的直观形象解决问题的思维，在4～5岁时，幼儿在一定的生活环境和教育条件下，思维在前一阶段的基础上有了进一步的发展，由以直观行动思维为主，逐渐发展到以具体形象思维为主。

该时期幼儿的具体形象思维主要表现出以下几个方面的特点。

1. 具体性

幼儿的思维内容是具体的。他们能够掌握代表实际东西的概念，不易掌握抽象概念。比如，"家具"这个词比"桌子""椅子"等抽象，幼儿较难掌握。在生活中，抽象的语言也常常使幼儿难以理解。

2. 形象性

幼儿思维的形象性表现在幼儿依靠事物的形象来思维。幼儿的头脑中充满着各种各样颜色和形状等事物的生动形象。比如：爷爷总是长着白胡子，奶奶总是头发花白，兔子总是"小白兔"等。

幼儿典型的思维过程：具体事物可以在眼前，也可以不在眼前，但头脑中必须有事物的表象。例如，听故事时，幼儿头脑中必须有故事人物的形象。

需要注意的是具体性和形象性是具体形象思维的两个最为突出的特点。

3. 表面性

幼儿思维只是根据具体接触到表面现象来进行，而不反映事物的本质联系。例如，幼儿听妈妈说："看那个女孩长得多甜！"他问："妈妈，你舔过她吗？"

4. 绝对性

由于思维的具体性和直观性，使得幼儿思维所能把握的往往是事物的静态，而很难把握那种稍纵即逝的动态和中间状态，缺乏相对的观点。

5. 自我中心性

所谓的自我中心指主体在认识事物时，从自己的身体、动作或观念出发，以自我为认识的起点或原因的倾向，而不能从客观事物本身的内在规律以及他人的角度认识事物。皮亚杰设计的"三山试验"很好地说明了幼儿的自我中心性。

自我中心的特点还伴随其他一些表现。

（1）不可逆性，即单向性，不能转换思维的角度。例如，教师问幼儿："你有姐姐吗？""有，我姐姐叫红红。"过了一会儿问她："红红有妹妹吗？"幼儿摇头。她只知从自己的角度看红红是姐姐，而不知从姐姐的角度看自己是妹妹。由于缺乏逆向思维的能力，使得幼儿很难获得物质守恒的概念（不懂得一定量的物体形状改变，是可以变回原状的；不理解形状的改变并不影响其量的稳定性）。

（2）拟人性。幼儿自己有意识、有情感、有言语，便以为万事万物也应和自己一样有灵性（即泛灵论）。

（3）经验性。幼儿的思维是根据自己的生活经验来进行的。比如，幼儿听奶奶抱怨小鸡长得慢，就把小鸡埋在沙里，把鸡头留在外面，还用水浇，并告诉奶奶："您的小鸡一定会长得大大的。"

6. 固定性

幼儿思维的固定性使幼儿思维缺乏灵活性，在日常生活中经常"认死理"。例如：美工活动中，小朋友都等着老师发剪刀，可是发到中途剪刀不够了，于是老师拿手工区的剪刀给他们，他们说什么都不肯要。

三、5～6岁幼儿的抽象逻辑思维开始萌芽

5～6岁的幼儿开始能够对事物的一些本质特征进行初步的认识，抽象逻辑思维开始萌芽。

幼儿抽象逻辑思维的萌芽表现在以下两方面。

（1）幼儿不但能广泛了解事物的现象，而且开始要求了解事物的原因、结果、本质、相互关系等。他们遇到什么事情都喜欢追根究底，问个"为什么"。比如："螃蟹为什么横着爬，人为什么直着走？"等等。

（2）幼儿思考力进一步发展，逐步能反映事物的内在本质及事物间的规律性联系。幼儿能根据事物内部的共同特点来进行概括，如把汽车、电车、轮船、三轮车放到一起，说"它们都可供人乘坐"；把狮子、老虎、狐狸、狼、大象放到一起，说"它们都是动物"。五六岁的幼儿已能够准确运用玩具、水果、家具、交通工具等许多概念，而且能结合生活中的大量事实，理解一些更抽象的概念，如"勇敢""认真"等。

第五节 学前儿童概念、判断、推理的发展

一、学前儿童概念的掌握

概念是思维的基本形式，是人脑对客观事物的本质属性的反映。概念是用词来表示的，词是概念的物质外衣，也就是概念的名称。

概念是在社会历史发展过程中形成的，是人类劳动实践和社会经验积累概括的结果。人类在认识世界、改造世界的过程中，把认识到的事物的共同特征抽取出来加以概括，并用词表示出来，就成为概念。概念的掌握是针对个体而言的，它是指学前儿童掌握社会上业已形成的

概念。

学前儿童掌握的概念几乎都是通过实例获得的。学前儿童在日常生活中经常接触各种事物，这些事物中有些被成人作为概念的实例而特别加以介绍，同时用词来称呼它们。学前儿童就是这样通过词（概念的名称）和各种实例（概念的外延）的结合，逐渐理解和掌握概念的。在较正规的学习中，成人也经常用给概念下定义（即讲解）的方式帮助学前儿童掌握概念。在这种讲解中，把某概念归属到更高一级的类或种属概念中，并突出它的本质特征是十分关键的。学前儿童只有真正理解了定义的含义才能掌握概念。学前儿童概念的发展有如下特点。

（一）概括的内容比较贫乏

两三岁的学前儿童只能进行初步的概括，概括的内容极其贫乏。他们用的每个词基本上只代表某个或某些具体事物的特征，而不是代表某类事物的共同特征。例如，"猫"只代表自己家里的小花猫或少数他所看过的猫，"树"只代表自己家门前的树或少数他所看过的树。到了学前晚期，学前儿童概念所概括的内容才逐渐丰富。

（二）概括的特征很多是外部的、非本质的

学前儿童虽能概括某一类事物的共同特征，但常常把外部的和内部的、非本质的和本质的特征混在一起，还不能很好地对事物内部的、本质的特征进行概括。正是由于这个原因，学前儿童大多以功用性的定义来说明关于事物的概念，例如"杯子"是用来喝水的，"衣服"是用来穿的。

（三）概括的内涵不精确

学前儿童还不能进行本质的概括，因而概括的内涵往往不精确。他们的概括能力有时失之过宽，例如，把桌子、柜子概括为"用的东西"，把萝卜也归为"果实"这个概念里；有时又失之过狭，例如，以为"儿子"一词就代表小孩，看见一个高大的男人被说是幼儿园老师的儿子，就感到非常惊奇。

正是由于这些特点，学前儿童掌握概念的广度和深度都是有限的，他们一般只能掌握比较具体的实物的概念，而不易掌握一些比较抽象的性质概念、关系概念、道德概念。只有到了学前晚期，学前儿童才有可能掌握一些比较抽象的概念，如野兽、动物、家具、种子、勇敢等。

二、学前儿童判断的发展

判断是概念与概念之间的联系，是事物之间或事物与它们特征之间的联系的反映。推理是判断与判断之间的联系，是在已有判断基础上推出新的判断。概念、判断、推理这几种思维形式是互相联系的。概念的形成往往要通过一定的判断和推理过程。判断是肯定与否定概念之间

的联系。获得判断主要通过推理。逻辑思维主要运用判断、推理进行。学前儿童判断和推理的发展，是他们抽象逻辑思维发展的表现。

（一）判断形式的间接化

从判断形式看，学前儿童的判断从以直接判断为主，开始向间接判断发展。直接判断，主要是感觉和知觉形式的判断，不需要复杂的思维加工。比如，3 岁的学前儿童指着一个戴红领巾的女孩说是"王老师的小姐姐，"这是根据感觉和知觉的特征来判断，是真正使用概念进行的。

间接判断通常需要推理，反映事物之间的因果、时空、条件等联系，其中制约思维过程的基本关系是事物的因果关系。何其恺等对学前儿童因果思维发展的研究具体说明了学前儿童从直接判断事物的外在原因向间接判断现象的内在原因发展。

李文馥等在研究学前儿童对面积的判断时发现，五六岁的学前儿童在判断两块相等的面积时，大部分依靠直觉判断。他们倾向于认为一块完整的面积比被分割开的同等面积大。比如会说"一整块大，许多小块小。"或"分成两块的就小，一大块的就大。"7 岁以后，儿童大部分进行间接推理判断。六七岁是直接判断向间接推理判断过渡的转折时期。

（二）判断内容的深入化

从判断的内容来看，学前儿童的判断从反映事物的表面联系开始向反映事物的本质联系发展。

3～4 岁的学前儿童往往从直接观察到的物体表面现象中寻找因果关系。例如，对斜板上皮球滚落下来的原因，学前儿童认为是"（球）站不稳，没有脚。"对物体浮沉现象，学前儿童说："火柴浮起来，因为它在水里。""乒乓球是红的，没有脚，磁球不是红的。"这些判断都是根据表面现象，或偶然性的联系进行的。在发展过中，学前儿童逐渐找出比较准确而有意义的原因。例如，"球在斜面上滚下来，因为这儿有小山，并且球是圆的，它就滚动了；如果不是圆的东西，就不会滚动了。"

5～6 岁学前儿童开始能够按事物隐蔽的、比较本质的联系，做出判断和推理。如，"皮球是圆的，它要滚。""桌子断了三条腿，它站不稳""乒乓球是空心的会漂"等等。

在这个过程中，学前儿童的判断从反映事物的个别联系逐渐向反映事物多方面的特征发展。比如，较小的学前儿童说："火柴浮起来，因为它小。"较大的学前儿童已经知道，"钥匙沉下去，因为它小而且重，水轻。"判断和推理只有在揭示事物之间的本质和规律性联系时，才是正确的。学前儿童起先对事物关系的判断是笼统且不分化的，以后逐渐分化和准确化。由上述事例也可以看出，学前儿童能够把客体（或其特性）之间的联系（或关系）分解出来，概括起来，分解的深度和概括性逐渐提高。

（三）判断根据的客观化

从判断根据看，学前儿童逐渐从以生活逻辑为根据的判断，向以客观逻辑为根据的判断发展。

学前初期，学前儿童常常不能按照事物本身的客观逻辑进行判断和推理，而是按照"游戏的逻辑"或"生活的逻辑"进行。这种判断没有一般性原则，不符合客观规律，属于"前逻辑思维"。例如，学前儿童认为，球会滚下去，是因为"它不愿意待在椅子上"，或者是因为"猫会吃掉它"。物体会浮是因为它们"想洗澡"。秤杆的一头翘起，因为"它不乖、不听话"。在做算术题时，教师如果问："哥哥吃了 4 块糖，弟弟吃了 2 块糖，他们一共吃了几块糖？"很多学前儿童不去回答这个问题，却反问："为什么哥哥吃那么多的糖？应该大家平分。"如果教师要求幼儿判断："早上，妹妹送哥哥上幼儿园"这句话是否错误，小班幼儿说："妈妈送妹妹，我爸爸送我。"他们不会客观地进行逻辑判断。

在李之馥等的研究中，5～6 岁学前儿童在判断面积时，也常常以生活逻辑作为直接判断的依据。如他们会说："四周都是空的，地方多大呀！哪儿都能跑着玩。"

在学前儿童判断根据客观化的过程中，他们还要经过以事物的偶然性特征（颜色，形状等）为根据，过渡到以孤立、片面、不确切的原则为根据（"重的沉，轻的浮"），然后开始出现一些正确的或接近正确的客观逻辑判断（"木做的东西在水里浮"）。

（四）判断论据的明确化

从判断论据看，学前儿童从没有意识到判断的根据，开始向明确意识到自己的判断根据发展。

处于学前初期的学前儿童虽然能够做出判断，但是，他们没有或不能说出判断的依据。有的学前儿童以别人的论据作为论据，如"妈妈说的""老师说的。"有的学前儿童只能说出模糊的论据，如"不会漂，它在水里待不住。"他们甚至于并未意识到判断的论点应该有论据。随着学前儿童的成长，他们开始设法找寻论据，但是最初出现的论据往往是游戏性的或猜测性的。例如，学前儿童说"又小又轻的东西会浮"。然后看到别针在水里下沉了，会说"别针变大了"。

学前晚期，学前儿童不断修改自己的论据，努力使自己的判断有合理的根据，思维的自觉性、意识性和逻辑性开始发展。

三、学前儿童推理的发展

（一）最初的转导推理

学前儿童最初的推理是转导推理。转导推理是从一些特殊的事例到另一些特殊事例的推理。这种推理还不是逻辑推理，而属于前概念的推理。

皮亚杰指出，2 岁的儿童已经出现转导推理。例如，刚满 2 岁的女孩，在应该睡觉时不想睡，要求父母把卧室的灯开着，并和她说话。她的要求被拒绝后，过了一会儿，父母突然听到孩子的尖叫声，急忙跑到卧室去看。孩子说，她拿了架子上的娃娃（这是睡觉前被禁止的动作），可是父母一看，她实际上什么也没有动。皮亚杰认为，这就是孩子在生活中的一种推理："如果我做了坏事，他们就会来开灯，并且和我说话。"这种推理是依靠表象进行的，是超出了直接感觉和知觉范围的思维活动。

（二）演绎推理

归纳和演绎属于逻辑推理，演绎推理的简单而典型的形式是三段论，三段论是由 3 个判断、3 个概念构成，每个概念出现 3 次。它是从两个反映客观事物的联系和关系的判断中推出新的判断。乌利彦柯娃的实验证明，5 ～ 7 岁的儿童经过专门训练，能够正确运用三段论式的逻辑推理。

（三）类比推理

类比推理也是一种逻辑推理，它在某种程度上属于归纳推理。它是对事物或数量之间关系的发现和应用。当两种较低级的关系（A 和 B，C 和 D）之间有一个高一级的等值或接近等值的关系时，就存在类比。例如，耳朵用来听，眼睛用来看。查子秀等的实验研究认为，3 ～ 6 岁的学前儿童已经具有一定的类比推理能力。

四、学前儿童理解的发展

学前儿童对事物的理解，取决于他们的知识经验水平和思维发展水平。一方面，由于知识经验不丰富，思维带有明显的具体性，学前儿童对事物的理解一般是不深刻的；另一方面，由于在教育影响下知识的不断积累和第二信号系统的不断发展，学前儿童的理解也在不断提高和不断深入。在整个学前期内，学前儿童对事物的理解，一般是沿着以下的方向进行的。

（一）从对个别事物的理解到对事物关系的理解

例如，学前儿童在理解一幅图画的时候，首先看到的是个别的人物，以后，在成人的影响下，逐步认识到人和物之间的关系，以至达到对整个图画的理解。又如，学前儿童理解成人的言语，往往首先是理解成人言语中某些他们熟悉的个别的词，他们把这些词跟他们已有的经验联系起来。然后，在这个基础上，学前儿童才逐渐理解整个句子和这个句子的中心思想。

（二）从主要依靠具体形象来理解发展到主要依靠词的说明来理解

学前初期，学前儿童主要依靠具体形象来理解事物，词虽然有一定的指引和调节作用，但是不能单独起作用。随着年龄的增长和经验的发展，学前儿童就有可能主要依靠词来理解事物。例如，小班幼儿理解故事，还在很大程度上依靠图画或他们熟知的事物的形象；而大班幼儿就能完全领会由文字描述的故事。

（三）从简单、表面的评价到比较复杂、深刻的评价

小班幼儿对事物的评价往往是很表面的。例如，对故事中的人物，他们只能说出好人或坏人；而大班幼儿则能说出很多理由，对事物做出比较深刻的评价。

要促进学前儿童理解力的发展，首先，成人必须适当地把直观材料与词语结合起来，对小班幼儿多用直观材料，并用适当的词加以说明；对中班或大班幼儿，就可以适当地增加词的讲述部分。其次，成人的提问对促进学前儿童的理解起着重要的作用，因为成人的提问能促使学前儿童的思维沿着一定的逻辑方向发展。

在学前儿童对事物的理解方面，学前儿童对事物的情感和态度也起着重要的作用。学前儿童对事物的情感和态度不同，理解也就不同。例如，学前儿童一般是喜欢小猫的，但是，如果成人告诉学前儿童这是一只不好的小猫，它常常欺侮小鸡、小鸭等，学前儿童对小猫的理解、评价就完全不同了。又如，在一张图画上画着一架飞机，学前儿童也许很喜欢这架飞机，但是，当学前儿童知道这是外国侵略者的军用飞机时，他们就非常憎恨这架飞机了。培养学前儿童用正确的情感和态度来理解事物，是培养学前儿童高尚道德品质的重要途径之一。

【本章小结】

思维是指人脑对客观现实间接、概括的反映，它是认识的高级阶段。间接性和概括性是思维的两个特点。

学前儿童思维发展的趋势是由直觉行动思维发展到具体形象思维，最后发展到抽象逻辑思维。

学前儿童的思维以具体形象性为主，抽象逻辑思维开始萌芽。具体性和形象性是学前儿童具体形象思维的两个突出特点。

学前儿童掌握的概念主要是日常概念、具体概念。学前儿童在判断事物时，常从事物外在或表面的特点出发。

学前儿童对事物的理解常常是孤立的，不能发现事物之间的内在关系，理解往往是表面的，不能理解事物的内部含义。

【思考与练习】

一、名词解释

1. 直觉行动思维
2. 具体形象思维

二、填空题

1. 学前儿童思维发展的阶段是 _____、_____、_____。

2. 学前儿童的具体形象思维主要特点是 _____、_____、_____、_____、_____、_____。

3. 直觉行动思维的两个特征是 _____、_____。

4. _____是学前儿童思维的主要特征。

5. _____思维是以直观的、行动的方式进行的思维。

三、单项选择题

1. 学前儿童容易掌握代表实际物品的概念，如"小汽车""飞机"等；不容易掌握比较抽象的概念，如"交通工具"。这反映出学前儿童的思维具有（   ）特点。

    A. 表面性　　　　　　B. 具体性

    C. 形象性　　　　　　D. 固定性

2. 学前儿童常常"好心办坏事"，如将小鸡埋在沙土里并浇水。这是学前儿童思维的（   ）所致。

    A. 固定性　　　　　　B. 片面性

    C. 具体性　　　　　　D. 经验性

3. "爷爷总是长着白胡子，奶奶总是花白头发的"，反映学前儿童的思维具有（   ）特点。

    A. 固定性　　　　　　B. 形象性

    C. 具体性　　　　　　D. 经验性

4. "月亮为什么有时胖，有时瘦呢？""它有时听妈妈的话，好好吃饭；有时淘气，不好好吃饭。"反映学前儿童的思维具有（   ）特点。

    A. 固定性　　　　　　B. 形象性

    C. 具体性　　　　　　D. 经验性

5. 学前儿童难以理解"反话"，说明学前儿童思维具有（   ）特点。

    A. 固定性　　　　　　B. 表面性

    C. 具体性　　　　　　D. 经验性

6. 两个小朋友在抢一个玩具，成人拿出一个同样的玩具，让他们各玩一个，学前儿童往往一时转不过来，谁都要原来的那一个。这个例子反映学前儿童思维（   ）特点。

    A. 表面性　　　　　　B. 具体性

    C. 形象性　　　　　　D. 固定性

7. 学前儿童开始萌发抽象思维能力的时期是（   ）。

    A. 0～1岁　　　　　　B. 1～3岁

    C. 3～4岁　　　　　　D. 5～6岁

8. 学前儿童认为物体会浮是因为它想洗澡；球会从椅子上滚下去，是因为它不愿意待在椅子上。这些判断是按（　　）来进行的。

    A. 直接的逻辑

    B. 生活的逻辑

    C. 客观的逻辑

    D. 类比的逻辑

9. 当学前儿童手里有一个娃娃时，他就会想起抱娃娃和过家家的游戏，当娃娃被拿走以后，他的游戏也就结束了。这说明学前儿童思维的（　　）特点。

    A. 直观行动性

    B. 具体形象性

    C. 抽象逻辑性

    D. 漫无目的性

10. 学前儿童把热水倒入鱼缸里，问他为什么时，他说老师说了喝开水不生病，小鱼也应该喝开水。这说明学前儿童的思维具有（　　）。

    A. 形象性   B. 经验性

    C. 活泼性   D. 逻辑性

四、简答题

学前儿童思维发展的特点。

五、案例分析题

1. （2015年下真题）材料：为了解中班的幼儿分类能力的发展，教师选择了"狗、人、船、鸟"4张图片，要求幼儿从中挑出一张不同的。很多幼儿拿出了"船"，他们的理由分别是：狗、人和鸟常常是在一起出现的，船不是；狗、人、鸟都有头、脚和身体，而船没有；狗、人、鸟是会长大的，而船是不会长大的。

问题：（1）请结合上述材料分析中班幼儿分类能力的发展特点。

（2）基于上述材料中幼儿的发展特点，教师如何实施教育？

2. （2015年上真题）材料：

情境一：

一天晚上，莉莉和妈妈散步时，有如下对话。

妈妈：月亮在动还是不动？

莉莉：我们动它就动。

妈妈：是什么使它动起来的呢？

莉莉：是我们。

妈妈：我们怎么使它动起来的呢？

莉莉：我们走路的时候它自己就走了。

情境二：

在幼儿园教学区活动中，老师给莉莉出示两排一样多的纽扣，莉莉认为一一对应排列的两排一样多。当老师把下面一排聚拢时，她就认为两排不一样多了……

（1）【题干】莉莉的行为表明她处于思维发展的什么阶段？举例说明这个阶段思维的主要特征及表现。

（2）这种思维特征对幼儿园教师的保教活动的启示。

第七章
学前儿童言语的发展

【学习目标】

    1. 掌握学前儿童言语发展的基本理论

    2. 把握学前儿童言语发展的基本特点

    3. 能初步运用学前儿童言语发展的基本理论知识，分析幼儿园的教学活动，评价学前儿童言语发展的能力，并促进学前儿童言语的发展

【学习重点和难点】

    重点：学前儿童言语发展的特点

    难点：学前儿童言语能力的培养

【引入案例】

1. 学前儿童独自抱着娃娃"喂饭"，边喂边说："快吃！快吃！不要把饭含在嘴里，要嚼一嚼，再咽下去！"喂完饭，她把娃娃放在小床上，盖上被子，说："吃完饭，要睡觉，不要乱动……你呀，不要踢被子，会着凉的，生病要打针的……"

2. 在拼图过程中，学前儿童自言自语地说："把这个放哪里呢？不对，应该这样！这是什么？就应当把它放在这里……"

学前期是言语发展至关重要的时期。学前儿童言语的发展具有哪些代表性的特征，以及行之有效的教育措施呢？相关知识将在本章进行阐述。

第一节 言语发展概述

一、语言、言语的概念

语言是什么？皮亚杰认为，语言是我们最灵活的心理表征方式。它帮助我们交流思想、表达情感，也是我们进行思维的重要工具。语言存在于人们的言语活动中。人们使用语言进行交际的过程就是言语。使用一定语言的人，其说话、听话、阅读、写作等的活动，就是作为交际过程的言语。

扫一扫7-1 语言和言语

（一）语言

语言是以语音和字形为物质外壳，以词汇为"建筑材料"，以语法为结构规律而构成的符号系统。

语言以物质化的语音和字形而被人们所感觉和知觉。它以词汇标识着一定的事物，它用规则反映着人类思维的逻辑规律。因而语言是人类在社会实践中逐步形成和发展起来的最重要的交流工具。语言是社会现象，是人类特有的交流工具，是交流的双方共同使用的。每个民族都有其共同的语言，语言是社会历史的产物。

（二）言语

言语是人们运用语言的材料和语言规律进行交际的过程。

人们为了表达自己的见解和感情，可以使用各种语言，这些语言就是交际工具。它的主要构成是：听、说、读、写，这些活动就是交际过程的言语。言语可根据表现形式分为口头言语、书面言语和内部言语等。

（三）语言和言语的关系

1. 语言和言语是两个不同的概念

语言是工具、符号，它有别于工具的运用。语言是社会现象，具有群体性和稳定性。

言语是表明的心理交流的过程，是心理现象，具有个体性和多变性。

2. 语言和言语是密不可分的

言语活动离不开语言，学前儿童只有在一定的语言环境中，才能学会和参与言语活动。与此同时，语言是在具体的言语交往情境中产生和发展起来的，学前儿童若没有言语活动的机会，也就不能掌握语言。

二、学前儿童言语的分类

（一）外部言语

1. 对话言语

3 岁以前的学前儿童与成人的交际主要形式是对话。他们的对话言语只限于向成人打招呼、提出请求或简单地回答成人的问题。往往是在成人逐句引导下，他们逐句回答，有时他们也向成人提出为什么。

2. 独白言语

到了 3 岁以后，随着独立性的发展，学前儿童在离开成人进行各种活动（如各种游戏）中获得了自己的经验和体会，在与成人的交际过程中也逐步运用报道、陈述等独白言语。学前儿童最初由于词汇不够丰富，表达会显得不够流畅，叙述时常会用"这个……这个……"或"后来……后来……"。在正确引导下，一般到 6 岁左右时，学前儿童就能较清楚地、有声有色地描述看过或听过的事件或故事了。

3. 初步的书面言语

学前儿童的书面言语指读和写，基本单位是字，由字组成词、句以及篇章。书面言语包括认字、写字、阅读、写作。其中认字和阅读属于接受性的，写字和写作属于表达性的。学前儿童书面言语的产生如同口头言语一样，是从接受性的语言开始的——先会认字，后会写字；先会阅读，后会写作。

（二）过渡言语

在从外部言语向内部言语的发展中，有一种介于外部言语和内部言语之间的言语形式，我们称之为过渡言语，即出声的自言自语。它体现了学前儿童言语的发展所经历的由外到内的过程。皮亚杰把它称为"自我中心语"。学前儿童的自我中心语是其自我中心思维的表现。维果茨基则认为，学前儿童的自言自语是朝向自己的言语，应该称为"私人言语"，而不是"自我中心语"。这种言语形式是形式上的外部言语和功能上的内部言语的结合，是从社会化言语向个人的内部言语过渡的必要阶段和中心环节。

（三）内部言语

内部言语是一种特殊的言语形式。

内部言语是针对自己的言语，不执行交际功能。外部言语是为了和别人交往而发生的。因而一般来说，内部言语比外部言语简略，常常是不完整的。

内部言语突出了自觉的分析综合和自我调节功能，与思维具有不可分割的联系。人们不出声的思考往往就是利用内部言语来进行的。

三、言语在学前儿童心理发展中的作用

（一）学前儿童掌握语言的过程是社会化的过程

学前儿童的语言也是为交际而产生，在交际过程中发展的。学前儿童掌握语言的过程，即社会化的过程。

语言在学前儿童时期的功能，除了请求和问答外，还有陈述、商量（协调行动）、指示和命令、对事物的评价等。与此相适应的是连贯性语言、陈述性语言逐渐发展。

（二）言语与学前儿童的认识过程

语言是思维的武器，个体言语水平影响其思维过程。由于语言的参与，学前儿童认识过程发生了质的变化。尤其是语言在感觉和知觉中的概括作用充分说明了这一点，具体表现为：学前儿童借助词可以把感觉和知觉的事物及其属性表示出来，通过语词使感觉和知觉到的东西成为理解了的东西；借助词将相似的物体及其特征加以比较，易于找出并辨别各种物体的差别；借助词可分出事物的主要特点和次要特点；借助词能概括地感觉和知觉同类事物的共同属性，易于认识事物的共同特征，而且可以根据事物的主要特征，认识同类的未知事物。也就是说，词帮助学前儿童迅速认识和概括新事物的特征。

（三）言语对学前儿童心理活动和行为的调节作用

言语对学前儿童心理活动和行为的调节功能，即自我调节功能，是和其概括功能——自觉的分析和综合功能密切联系的。学前儿童只有对自己的认识过程的种种因素进行分析、综合，才能对认识过程进行调节。

各种心理活动的有意性的发展，是由言语的自我调节功能引起的。如：学前初期无意注意占优势，这种注意是由外界事物本身的特点引起或由成人的语言来组织的。到学前晚期，学前儿童会用自己的语言来组织自己的注意，即较自觉地产生了有意注意。

四、言语发展的理论

言语发展理论是解释学前儿童如何在短短的几年内就掌握了非常复杂的语法规则的理论。学者们所持观点不同，由此产生了不同的理论派别，主要理论派别有如下 3 种。

（一）后天学习理论

后天学习理论强调环境对学前儿童言语能力的决定作用，其代表人物是斯金纳、班杜拉和布鲁纳。后天学习理论又分为强化说和社会学习说两类。

强化说以操作条件反射的操作行为和正、负强化等概念来解释言语的获得。

社会学习说认为，儿童言语能力是通过模仿成人而获得的，强调模仿的作用，提出"选择性模仿"的新概念。

（二）先天成熟理论

先天成熟理论强调先天因素对言语发展的决定作用。该理论认为学前儿童言语的发展取决于成熟度。因此，先天成熟理论也称自然成熟说，其代表人物是乔姆斯基。乔姆斯基是生成转化语法理论的创始人。他假设人类先天就具有学习语言的内因结构——普遍语法。普遍语法在后天语言环境的作用下转换成个别语法，成为使用某一具体语言的能力。他认为转换的机制就是先天的语言获得装置。普遍语法转换成个别语法的过程的理论就是生成转换语法理论。

（三）环境和主体相互作用理论

这种理论是认知学派的言语发展理论，其代表人物是皮亚杰。皮亚杰主张认知结构的发展是言语发展的基础，言语的发展也来源于主客体的相互作用。

第二节 0～3岁婴幼儿言语的发展

一、0～1岁为言语发展的准备阶段

在言语发展的准备阶段，婴儿的言语发展主要体现在学习分辨语音和发音上。婴儿此时对语言的反应，并不是对语义的反应，而仅仅是对语音的反应。为促进婴儿言语能力的发展，成人必须加强和婴儿的沟通，不断地向婴儿强化有关某些物体或动作的词汇。

二、1～1.5岁为言语发展的理解阶段

1～1.5 岁，由于幼儿逐渐对成人言语有了更多的理解，他们开始能够发出一些有意义的连续音节，并能说出一些词句。

幼儿采用以下方法表达自己的意思。

单音重复：如将吃饭说成是"饭饭"，将汽车说成是"车车"。

以音代物：将狗说成是"汪汪"，将小汽车说成是"嘀嘀"。

一词多义："妈妈"有抱、吃东西、玩耍等多种意思。

这个阶段的幼儿表达能力的发展滞后于理解能力的发展，表现为他们能够理解的东西远远超过他们能说出来的东西。随着思维和语言的逐渐结合，幼儿开始借助有限的单词以及重新组合这些单词的能力，来向他人表达自己的意思。

三、1.5～3岁为言语发展的表达阶段

对于1.5～3岁的幼儿来说，他们的言语在此阶段有了飞跃性的发展：出现了多词句和复合句；增加了句子中的字数；发展了语言的功能；掌握了最基本的语法。在这个阶段的初期，幼儿只能用比较短的语句表达自己的意思，如"妈妈好""爸爸再见"等。随着表达内容的不断增加，幼儿开始使用复合句，句子中的字数也不断增加，如"她不是我妈妈，我妈妈上班了"等。从2岁起，幼儿对言语活动表现出高度的积极性，喜欢说话、听故事，并记住这些内容。

在1.5～3岁，幼儿语言功能的作用（包括概括作用和行动的调节作用）得到了极为明显的发展。到这个阶段末期，幼儿已基本掌握了母语的语法规则，他们的语言表达能力愈来愈强，他们的思想也愈来愈容易为成人所理解。研究表明，1.5岁到2.5岁是幼儿获得母语基本语法的关键时期。3岁幼儿基本上能掌握母语的语法规则。其发展过程如下：1岁到1.5岁的幼儿能使用不完整句，如单词句、双词句和电报句；1.5岁到2.5岁幼儿的句法结构多为完整的简单句和一定程度的复杂句；3岁幼儿基本上使用完整句。

【知识拓展】

婴幼儿的言语发展受到环境因素的制约，其中，起主要作用的是婴幼儿所接受的教养方式，即照顾者是否能在语言交流方面为婴幼儿提供互动的机会。要成功地实现照顾者与婴幼儿的语言交流，关键在于照顾者对婴幼儿语言的理解以及一些特别的沟通技巧的实施。照顾者对婴幼儿语言的理解，一般是采用询问和细化两种方法。

第三节 3～6岁幼儿言语的发展

一、语音的发展

我国心理学研究者刘兆吉和史慧中曾先后对我国3～6岁幼儿声母和韵母的发音进行了研

究，得出幼儿语音发展的以下特点。

（一）幼儿发音的正确率与年龄的增长成正比

幼儿发音的正确率与年龄的增长成正比，有两种原因可以解释这一特点。

1. 生理因素

随着幼儿发音器官的进一步成熟，以及语音听觉系和大脑机能的发展，幼儿的发音能力迅速增强。

2. 词汇的积累

当今不少心理学家认为，在语言发展的早期，幼儿是通过学习词汇而不是个别、孤立的单音来学习语音的，他们必须掌握相当数量的词汇后才能建立自己的语音系统。如果这一观点成立的话，那么幼儿期急速增加的大量词汇对其语音的发展是大有帮助的。

此外，幼儿语音的正确率与所处的社会环境有关。在跟随成人发音时，幼儿不少音素的发音是正确的，然而当他们独自背诵学会的材料时，不少原来能正确发的音却又变得不正确了（史慧中，1986）。在同一方言地区，城乡幼儿发音的正确率有较大差异（刘兆吉，1978），这说明环境中的其他因素如教育条件、家庭环境等也会影响幼儿正确发音。

（二）语音发展的飞跃期为 3～4 岁

幼儿的发音水平在 3～4 岁时进步最为明显。在良好的教育条件下，他们几乎可以学会世界上各民族语言的任何发音。此后发音就趋于稳定，趋向于方言话，在学习其他方言或外国语时，常会受到方言的影响而产生发音困难。

（三）幼儿对声母、韵母的掌握程度不同

4 岁以后，城乡的绝大部分幼儿都能基本掌握普通话中的韵母，而对声母的发音正确率稍低。大多 3 岁的幼儿可以掌握声母，一部分幼儿声母发音的错误主要集中在 zh、ch、sh、z、c、s 等辅音上。研究者认为，3 岁幼儿的辅音错误较多，主要是因为其生理发育不够成熟，不善于掌握发音部位与方法，发辅音时分化不明显，常介于两个语音之间，如混淆 zh 和 z、ch 和 c、sh 和 s 等。

（四）语音意识逐渐发展

幼儿语音意识明显发展，主要表现在他们对别人的发音很感兴趣，喜欢纠正、评价别人的发音，还表现在他们很注意自己的发音。他们积极努力地练习不会发的音，倘若别人指出其发音的错误，他们会很不高兴，对难发的音常常故意回避或歪曲，甚至为自己找理由。

二、词汇的发展

词汇是语言的基本构成单位。词汇量越丰富，就越容易表达思想；掌握的词汇越多，对事

物的认识就会越深刻。因此，词汇的发展是言语发展的重要标志之一。幼儿词汇的发展有如下特点。

（一）词汇数量逐渐增加

国内外有关研究表明，3～6岁幼儿的词汇量是以逐年大幅增长的趋势发展的；幼儿期是词汇量飞跃发展的时期。如史慧中等人（1986）在对幼儿词汇的研究中发现，3岁的幼儿能掌握1000个左右的词汇，到了6岁，他们的词汇量增长到了3500多个。

（二）词类范围不断扩大

随着词汇数量的增加，幼儿词类范围也在不断扩大，这主要体现在词的类型和词的内容两方面。幼儿一般先掌握实词，即意义比较具体的词，包括名词、动词、形容词、数量词、代词、副词等（实词中最先掌握名词，其次是动词，再次是形容词和其他实词）。然后掌握虚词，即意义比较抽象的词，一般不能单独作为句子成分，包括介词、连词、助词、叹词等。幼儿掌握虚词不仅时间较晚，而且其所占比例也很小，只占词汇总量的10%～20%。

伴随年龄的增长，幼儿掌握同一类词的范围也在不断地扩大。他们先掌握与日常生活直接相关的词，然后过渡到与日常生活距离稍远的词，词的抽象性和概括性也进一步提高。以名词的发展为例：幼儿使用频率最高和掌握最多的名词，都是与他们日常生活密切相关的词汇，如"日常生活环境类""日常生活用品类""人称类""动物类"的词汇等。而像"政治、军事类""社交、个性类"等距离日常生活较远的抽象词汇，随着年龄的增长才会逐渐发展起来。

（三）对词义的理解逐渐加深

幼儿不断增加的词汇量促使其对所掌握的每一个单词本身含义的理解也逐渐加深。在这一过程中，幼儿对词义的理解出现了一种有趣的现象，即词义理解的扩张和缩小。

词义理解的扩张指幼儿最初使用一个词时，容易倾向于过分扩张词义，无意中使其包含了更多的含义。他们可能用"狗狗"一词称一只猫或是一只兔子，或一切全身长毛、有四只脚、有尾巴的动物。这种过度扩张的倾向在1～2岁时最为明显，到了3～4岁时逐渐有所缓解。有两种原因可能会解释这一现象：一种在于幼儿理解力弱，他们还不能界定一个概念的核心特征；另一种可能在于幼儿缺乏相应的词汇。如果幼儿不知道单词"苹果"，则他可能仅仅是为了达到谈论"苹果"的目的，而使用某种相似客体的名称（如"球球"）。幼儿除了用某一熟悉的客体的名称来指代不熟悉的客体外，还会为不熟悉的客体杜撰一个新词以达到指代的目的。这一颇具创造性色彩的现象即"造词"现象，它会随着幼儿词汇量的进一步增加而减少。

在词义理解扩张的同时，幼儿还有词义理解缩小的倾向，即把他初步掌握的词仅仅理解为最初与该词结合的那个具体事物。例如，"桌子"一词仅仅指他家里的某张桌子。这种缩小倾向与扩张倾向一样，都表明幼儿最初对词义的理解是混沌、未分化的。只有经过进一步发展，幼儿才能从具体到抽象地逐步理解词义。

三、句子的发展

人类所有的语言都具有复杂的语法结构，幼儿要学会某种语言，就必须掌握该语言的语法结构。语法是组词成句的规则，通过句子的发展状况可以反映幼儿对基本语法结构的掌握。根据我国心理学研究者已有的研究，幼儿句子的发展可以从以下几方面进行分析。

扫一扫7-3 幼儿
语法的发展

（一）句子结构的发展

1. 句子从简单到复杂，从不完整到完整

幼儿在句子的习得过程中,最初习得的是主谓不分的单词句(用一个词代表的句子)。例如，幼儿说"狗狗"，可能指的是所有的四脚动物。之后发展为双词句（有两个词组成的不完整句，有时也由 3 个词组成，又称为电报句）。如幼儿说"妈妈，饭饭"，它可能表示"饭是妈妈的"，也可能是指"妈妈在吃饭"。而后又发展到简单句（语法结构完整的单句），如"我叫小明，我爱画画"。最后出现结构完整、层次分明的复合句（由两个或两个以上意思关联比较密切的单句合起来构成的句子）。如幼儿希望别人对自己做评价时，会说"我是个好孩子，是吧？妈妈"。

幼儿最初的句子不仅简单，而且常常不完整，经常漏缺句子成分或者句子排列不当。比如，幼儿表达情感的句子往往有省略主语和宾语提前的倾向。幼儿可能向家长这样转述他所看到的某一情景："摔了一跤，在滑梯上，她哭了"，目的是告诉父母有个小朋友在滑梯上摔倒了，哭了。造成主语省略的原因可能与幼儿思维中的自我中心有关，他们误以为自己明白的事别人也明白。幼儿说话时带有很强烈的感情色彩，他们往往把容易激起兴趣和情绪的事物当作重点，急于抢先表达出来，因而在说话时往往把宾语提前了。一般到 6 岁左右，幼儿的句子才会比较完整，比如他们说因果复合句时，能说出关联词"因为"等。

2. 句子从无修饰语到有修饰语，长度由短到长

朱曼殊等人的研究表明，2 岁幼儿在运用句子时，有修饰语的情况极少，仅占 20% 左右；3 岁幼儿使用修饰语的能力就显著增强，达到 50% 左右；6 岁幼儿可达到 90% 以上。随着幼儿词汇量的增加、使用修饰语能力的增强，幼儿句子的长度也在增长。华东师范大学的研究人员分析了 2 ～ 6 岁幼儿简单陈述句的平均长度，发现幼儿 2 岁时陈述句子的平均长度为 2.9 个词，3.5 岁时为 5.2 个词，到了 6 岁时增长到了 8.4 个词。句子长度的增长表明了幼儿语言表达能力的进一步提高。

（二）句子功能的发展

幼儿句子功能的发展表现在从混沌一体到逐步分化。

幼儿早期言语的功能中表达情感（如表示"高兴"与"不高兴"）、意动（语言和动作结合表示愿望）和指物（叫出某一物体的名称）三方面是紧密结合、没有分化的，表现为同一句话在不同场合可以表达不同的内容。例如，幼儿说"饼饼"，既可能是指物的功能，表达出"这是饼饼""我看到了饼"的意思；也可能是意动的功能，表达出"我要吃饼""给我饼"的含义；还可能是情感的功能，表达出"我看见饼很高兴"的意思，等等。幼儿还喜欢边说边做，尤其是当他们难以用语言表达清楚自己的意思时，就急着借用动作来解释，因为只有这样才不影响他们交流的进行。3 岁以后，幼儿语言中这种不分化的现象就会越来越少。

幼儿语句功能的逐步分化还表现在词性和句子结构的逐步分化上。幼儿早期的词语不分词性，他们往往把名词和动词混用，还把名词词组当作一个词来使用。如"嘭嘭嘭"，既可表示名词"枪"，也可表示动词"开枪"。他们最初使用没有主谓之分的单词句，以后才发展到使用层次分明的复合句。幼儿这种句子功能混沌不分的现象反映了其认知水平的低下。

（三）句子的理解

幼儿对句子的理解总是先于句子的产生，他们在会讲正确的句子之前，已经能够听懂这种句子的意思。早在前言语阶段，他们已开始能听懂成人的一些话，并做出相应的反应。如果母亲抱着婴儿问"爸爸在哪里"时，幼儿就会把头转向父亲。对婴儿说"拍拍手""摇摇头"，他就会做出相应的动作。为什么对语句的理解在前，而说出语句在后呢？有人认为，理解仅仅需要幼儿认出词语的意思，而说话则要求他们回想或者从他们的记忆、词语以及词语所代表的概念中积极地回忆。说话是一项困难的工作，不能说出话和句子并不意味着幼儿不能理解它。

影响幼儿理解句子的因素是多方面的。朱曼殊等人的研究发现，同一句型中主语、宾语名词的性质以及组合方式都会影响幼儿对句子的理解。4～5 岁的幼儿虽已能与成人自由地交谈，但对一些结构复杂的句子（如被动语态和双重否定句）还理解不好。比如，玲玲被红红撞倒在地上，老师把她扶起来，当被教师问："谁撞倒了谁？老师扶谁？"他们往往不能正确回答。6 岁左右的幼儿才能较好地理解常见的被动语态句型。

四、表达能力的发展

（一）口语表达能力的发展

1. 从外部言语到内部言语

幼儿口语表达能力的发展体现了一个从外到内的过程，即从对话言语发展到独白言语，后又从独白言语经过渡言语，发展到内部言语。

讲述能力的发展是幼儿独白言语能力发展的重要体现。华东师范大学武进之等人利用看图说话研究了幼儿口语表达能力的特点及发展趋势。研究表明：随着年龄的增加，幼儿讲述图画所表达的故事基本内容的量逐渐增加；看图说话中，幼儿语法结构发展的趋势与自发言语一致，但由于图画内容对幼儿言语的限制，使幼儿在各年龄阶段上对各种句子结构的使用率稍稍落后于自发言语的水平；幼儿看图说话的主动性有一个发展的过程。2～2.5岁的幼儿只能对主试提出的问题做简单的回答，不会主动叙述。3岁幼儿开始出现部分的主动叙述，4岁幼儿中能主动叙述的已达78%，6岁幼儿全部能主动叙述。幼儿的复述能力（即幼儿在看图说话后能不再看图而讲述故事的内容）也在逐渐发展。3岁前的幼儿不会复述，4岁以后的大多数幼儿已会复述。

大约4岁左右，幼儿开始出现过渡言语。过渡言语的进一步发展便产生了内部言语。内部言语与思维联系密切，主要执行自觉分析、综合和自我调节的机能，与人的意识的产生有着直接的联系。过渡言语主要变现为出声的自言自语，一种介乎于外部言语和内部言语之间的言语形式。"出声的"自言自语的形式包括以下两种。

（1）游戏言语。幼儿一边做各种游戏动作，一边说话，用语言补充和丰富自己的行动。在绘画活动中也常常有这种情况，用语言来补充不能画出的情节。

（2）问题言语。这种言语的特点是比较简短、零碎，常常在遇到问题或者困难时出现，或用以表现困惑、怀疑、惊喜等。当幼儿找到解决问题的办法时，也会用这种言语表示所采取的办法。四五岁幼儿的"问题言语"最为丰富。

2. 从情景性言语到连贯性言语的发展

情景性言语往往与特定的场景相关，说话者事先不会有意识地进行计划，往往想到什么就说什么。3岁以前的幼儿说话常常是情景性的，表现为说话断断续续的，缺乏连贯性、条理性和逻辑性。到了6～7岁时，幼儿才能比较连贯地进行叙述，但叙述能力的发展还是不完善的。言语连贯性的发展往往是思维逻辑性的一个重要标志。幼儿口语表达的逻辑性较差，表明其抽象逻辑思维的发展程度较低。

【案例分析】

一个3岁的幼儿向别人讲述自己昨天晚上做的事情："看到解放军了，在电影上，打仗，太勇敢了。妈妈带我去的，还有爸爸。"讲的时候好像别人已经了解他要讲的内容似的，一边讲，一边做出一些手势和表情。

问题思考：该幼儿言语表达有什么特点？这是什么言语？

（二）言语表达技能的发展

要想成为一名出色的沟通者，既能打动听众，又能从对方那里获得有效的信息，就必须掌握一定的语用技能。语用技能是指个人根据交谈双方的语言意图和所处的语言环境有效地使用语言工具达到沟通目的的一系列技能，主要包括听和说两方面的技能。

1. 说话技能的发展

幼儿在前言语阶段，就已经能用手势进行交流了。到了快 3 岁时，幼儿的沟通技能已达到了相当的水平。国外有研究表明，2 岁末的幼儿对有效沟通的情境已十分敏感。在简单的情境中，他们多使用较短的言语表达，而在复杂情境中却增加了沟通活动。这一时期的幼儿对同伴的反馈易于做出积极反应。如当传达者未接收到听者的反馈信息时，有 54% 的幼儿以某种形式重复了自己说过的话；而在接收到正确反馈信息后又重复的只有 3% 的幼儿。4 岁的幼儿已初步学会了根据听者的情况确定言语的内容和形式。夏兹和格儿曼（Shatz & Gelman，1973）发现，当 4 岁幼儿分别向 2 岁幼儿和成人介绍一种新玩具时，所用语言的长度、结构和语态都是不同的。对于 2 岁幼儿，他们话语简短，多用引起和维持对方注意的语词，如"注意""看着"，谈话时也显得自信、大胆。对于成人，则话语较长，结构复杂，也更为礼貌和谨慎。5 岁以后的幼儿已经能根据事物所处的具体情境调节自己的言语。华红琴（1990）曾对 5 ~ 7 岁儿童的语用技能做过调查，发现对于同一块黄色圆形积木，5 ~ 6 岁的幼儿就能根据其背景而改变对它的称呼，但还不够完善。7 岁儿童在比较复杂的条件下能对自己的表达方式进行调节，有时称这块积木为黄积木，有时称为圆积木，有时称之为黄的圆积木，甚至大的黄色圆积木。

2. 听话技能的发展

幼儿所获得的听话技能是十分有限的，他们对诚实话、讽刺话、玩笑话的辨别能力较弱。这表现在他们常把成人的反话当作正面话理解。例如，幼儿擅自过马路时，妈妈说"你再往前走走看"，他就真的往前走，并没意识到此种情形中他是不应该再往前走的。4 岁幼儿对听者困惑的眼光或"我不懂"等形式的反馈不像 7 岁儿童那样敏感。尽管如此，幼儿还是具备了一定的听话能力。有人发现（Eson & Shapiro，1980），4 ~ 4.5 岁的幼儿，即使在说话者话语的字面意义提供线索很少的情况下，也能推测出说话者的意图。如在一张纸上呈现一个空心圆圈，另有红色、蓝色两张纸，并且告诉幼儿不要将圆圈填成红的，4.5 岁的幼儿已能领会到是要求他们将圆圈填成蓝色的。幼儿倾听能力的培养是一项重大的工程。

3. 元沟通技能的发展

在交际的过程中，幼儿是否知道什么时候他们自己的讲话内容是清晰的，以及什么时候他人给他们的信息是模糊和不恰当的？这涉及元沟通技能，即幼儿对自己沟通技能的认识。元沟通技能发展得比较晚，早期的幼儿尚不能觉知别人所传达的信息。元沟通技能会随着幼儿年龄的增长而逐步得到提高。

【案例分析】

在一次外出春游时，中班的蒋老师引导幼儿观察周围景色的变化。突然一个孩子掀起衣服，要让自己的肚脐眼也看看春天，所有的孩子好奇地跟着学样，老师随即让幼儿闭上小眼睛，用肚脐眼看看春天是什么样的，小朋友都说看不见。老师便请孩子们把肚脐眼藏起来，用小眼睛看看春天是什么样的，这时孩子们都兴奋地说：看见了绿绿的草，看见了美丽的花……每个幼儿都争着讲自己的发现。蒋老师在对孩子们的发现给予了积极的评价后，并没有忽视幼儿对肚脐眼的兴趣，她以"肚脐眼有何用处"引发了幼儿探索人体奥秘的主题活动。幼儿在活动中提问特别积极，生成了许多新的主题。

分析案例中教师是如何发展幼儿言语表达能力的？

第四节 学前儿童的言语与活动

一、活动中学前儿童言语的特点分析

学前儿童在活动中的言语主要包括哪两个方面呢？

皮亚杰曾对儿童的言语做了详尽研究。他着重研究了 2 ~ 7 岁儿童的言语，并将其归为两大类。

（一）自我中心言语

自我中心，是指儿童把注意力集中在自己的动作和观点上的现象。在言语方面表现为儿童讲话时不考虑自己同谁在讲话，也不在乎对方是否在听自己讲话，或是自言自语，或是由于和一个偶然在身边的人共同活动感到愉快而说话。

自我中心言语有 3 个范畴。

1. 重复（无意义字词的重复）

学前儿童为了说话的愉快而重复某些字词和音节。他并未想到要和谁说话，甚至在讲一些有意义的字词时，也是如此。

2. 独白

学前儿童对自己说话，似乎在大声思考，其实并不是对任何人说话。

3. 双人或集体的独白

在有人存在的情况下，学前儿童之间相互说话，但并不构成沟通思想或传递信息的功能。说话的学前儿童并不要求旁人参与谈话，也不要求旁人懂得这种谈话，更不注意旁人的观点，旁人只是一个刺激物的作用。这种双人或集体独白实际上只是学前儿童在别人面前大声地对自己说话。

（二）社会化言语

社会化言语涵盖了 4 个方面的内容。

1. 适应性告知

当学前儿童把某些事情告诉他的听众而不是讲给自己听，或者当学前儿童在对自己讲话的同时也在与别人合作时，或者学前儿童与他的听众进行对话时，便产生了适应性告知。适应性告知实际上是学前儿童在促使别人听他讲话并且在想方设法地影响别人，即在传递思想。

2. 批评和嘲笑

这是一类有关别人工作和行为的言语，它与特定的听众相关联，但富有强烈的情感因素，肯定自己而贬低别人。例如："我妈妈给我买了一支冲锋枪，比你的大得多。"

3. 命令、请求（祈使）和威胁

这一类言语有明确的相互作用。例如："你过去一点，挡着我了""老师,请你过来一下""等一会儿，现在不要进来""别动，我要生气了"等。

4. 问题与回答

问题与回答常在社会化交往时出现。学前儿童提出的问题大多要别人答复，而学前儿童的回答有拒绝和接受两种。但是，这些回答不是有关事实的答复而是有关命令和请求的答复。例如："你把玩具还给我，好吗？""不，我才玩了一会儿，我不给你！"

二、学前儿童言语发展中易出现的问题及教育措施

教师或家长如何针对学前儿童言语中的问题进行教育？

（一）音准差

1. 不能正确掌握发音部位和发音方法

3～4岁的学前儿童由于生理上不够成熟，不能恰当地支配发音器官。元音错误少，错误往往出现在辅音上。这是因为辅音要依靠唇、齿、舌等运动的细微变化。小班幼儿由于唇和舌的运动不够有力，下腭不灵活，因而发出辅音时往往分化不明显。他们的发音往往不够清楚，说出来的常常是两个语音之间的音，而不是用一个语音代替另一个语音。吐字不够有力，也造成发音不准确。如3～4岁学前儿童中有1/3的人不能发出f音。因为f是唇音，这些学前儿童不会用牙齿咬住下唇，移动下腭。3～4岁学前儿童发音错误集中在zh、ch、sh、z、c、s和n、l、f，常表现为互相混淆。如吃（chi）饭，念成ci饭；牛（niu）念成刘（liu）等。

由于受生理成熟度的影响，学前初期的学前儿童不能正确掌握发音部位和发音方法，出现发音困难。正确的教学，可以帮助学前儿童更地好掌握发音部位和发音方法。特别是对3～4岁的学前儿童，教师可以用儿歌、绕口令等方法，引导他们多作发音练习。在日常生活中，教师或家长应要求学前儿童努力做到发音清楚。

扫一扫7-4 学前儿童言语发展中易出现的问题及教育措施

2. 方言影响

发音除受生理成熟度的影响以外，更受环境和教育影响。方言是学前儿童发音不准的又一因素。如：南京人，发"l和n"音较易混淆，于是学前儿童也极易出现这类错误。苏州方言中"图（tu）片（pian）"常被念成"du bian"。环境中的方言，对学前儿童发音影响极大。因此，教师在日常教育活动中，要坚持以普通话教学；家庭也应配合学校教育，为学前儿童创设良好的语音环境，以促进其语音的良好发展。

（二）不会掌握言语表情技巧

要完整、连贯、清晰、准确地表述，除了要正确运用语言的基本成分外，还要掌握有表情的说话技巧。这方面，学前儿童则掌握得不好，具体表现如下。

1. 语气掌握不好

语气表现了说话时情感和态度的区别，表现出说话人的状态，如疲劳、兴奋、有无信心等。语气的变化常表现在语音的高低、强弱、长短等方面。由于生理和经验等方面因素，学前儿童不会正确使用语言技巧，如说话容易把声音拖长，或说得过急。有的学前儿童还养成了撒娇的说话声调或粗暴的说话习惯。教师可以通过语音教学，让学前儿童朗诵诗歌、复述故事，来帮助学前儿童掌握这些技巧。对学前儿童的有些不良语言习惯，要及时取得家长的配合，予以坚决纠正。

2. 口吃

口吃是语言的节律障碍、说话中不正确的停顿和重复的表现。学前儿童的口吃，部分是生理性的原因，更多的是心理原因所致。学前儿童口吃出现的年龄以2～4岁居多。2～3岁一般是学前儿童口吃开始发生的年龄；3～4岁是学前儿童口吃现象的常见期。

口吃的生理性原因主要是学前儿童的言语调节机能还不完善，造成连续发音的困难。心理原因主要是他们说话时过于急躁、激动、紧张。还有一种原因，可能是来自模仿。学前儿童的好奇心和好模仿的心理特点，使他们觉得口吃"好玩"，加以模仿，不自觉地形成为习惯。在幼儿园，口吃有时似乎像一种"传染病"，原因就在于此。

解除紧张是矫正口吃的重要方法。特别是4岁以后，学前儿童已经出现对自己语言的意识，如果对他的口吃现象加以斥责或急于要求改正，将会加剧其紧张情绪，使口吃现象恶性循环；甚至由此导致学前儿童避免说话，或回避说出某些词。这种情况发展下去，还将对学前儿童的性格形成产生不良影响，导致孤僻等性格特征。我们可以从以下方面帮助孩子纠正口吃。

（1）创设宽松、愉快的说话氛围，解除学前儿童的紧张情绪。

（2）提醒学前儿童不要模仿别人的口吃。

（3）引导学前儿童说话时不要急躁，想好再慢慢说出。

（4）鼓励和强化学前儿童的每一点进步。

三、教师在实践中提高学前儿童的言语能力

学前儿童的言语能力是在社会环境与教育的影响下形成和发展的，因此，教师要重视在实践中发展学前儿童的言语能力。

（一）幼儿园语言教育活动是发展幼儿言语能力的重要途径

幼儿园的语言教育活动是根据《幼儿园工作规程》精神，有目的、有计划地对学前儿童施加影响。在幼儿园的语言教育活动中，教师要求学前儿童发音正确，用词恰当，句子完整，表达清楚、连贯；及时帮助学前儿童纠正语音，或鼓励、表扬表现好的学前儿童；运用有效的教学方法，调动学前儿童说话的积极性，并给予反复练习的机会，以及做出良好的示范，促进学前儿童语言的发展和言语的规范化。

（二）创设良好的语言环境，提供学前儿童交往的机会

生活是语言的源泉，而良好的语言环境，就是指要丰富学前儿童的生活内容。因此，教师要组织丰富多彩的活动，使学前儿童广泛地认识周围环境，扩大眼界，丰富知识面，增长词汇。同时，要提供给他们更多的交往机会，尤其是和同龄小朋友的交往机会，并重视学前儿童在交往中用词准确和说完整的句子。当学前儿童"见多识广"，语言自然也就丰富了。

（三）把言语活动贯穿于幼儿园的一日活动之中

幼儿园专门的语言教育活动时间是有限的，教师还应在日常活动中培养学前儿童的言语能力。

教师可以组织学前儿童听广播、看电视、阅读图书、朗读文学作品等帮助他们丰富和积累文学语言；在一日生活中，引导他们通过随时的观察、交谈等来获得大量的感性认识，并同时复习、巩固和运用在专门的语言活动中所学过的词汇和句式，更多地学习新的词汇，学会用清楚、正确、完整、连贯的语言描述周围事物，表达自己的情感和愿望。

（四）教师给学前儿童树立良好的榜样

学前儿童喜欢模仿，也善于模仿，模仿是学前儿童学习口语的重要方法，教师良好的示范非常重要。教师说话时发音是否正确，词汇是否丰富，语法是否规范，表达是否有条理，都会潜移默化地影响着学前儿童言语的发展。所以，要提高学前儿童言语能力，教师必须注意自身的语言修养，为学前儿童提供规范的语言。不要去学学前儿童不规范的语音和语句，也不要用"娃娃腔"对他们说话。教师必须有意识地引导学前儿童模仿自己规范的语言，纠正错误，促进学前儿童口语的发展。

（五）通过游戏促进学前儿童言语发展

游戏能够极大地激发学前儿童言语活动的积极性，有助于培养学前儿童言语表达能力。

典型游戏示例如下。

1. 听声传卡片

教师帮助学前儿童练习使用"有……有……还有……"的句式和量词的游戏。准备若干图片，每张上面画着 3 件物品，如 3 种水果，装入信封。学前儿童围坐成一圈，教师敲小铃，学前儿童随着铃声依次传递一块积木。铃声一停，积木传到谁手中，谁就到大信封中抽取一张卡片，然后用"有……有……还有……"的句式来说清卡片上所绘的东西。如果说对了，全体学前儿童跟着重复一遍，说错了则由他人纠正，然后继续游戏。

2. 看看和说说

教师准备绘有各种人物（如小弟弟、小妹妹、老奶奶等）和各种物品（如灯、电视机、图书、汽车等）的卡片若干。先把卡片画面朝下放好，让学前儿童拿起两张翻转，根据所画内容造一个句子。例如翻开的画面是"小弟弟"和"图书"，学前儿童可说："小弟弟在看图书""小弟弟有一本图书""小弟弟喜欢看图书"等。学前儿童轮流翻图造句，直到卡片翻完为止。在学前儿童学会把两张卡片的内容编成一句话的基础上，可让他们翻 3 张卡片造句子。

3. 击鼓传袋

教师准备一个花布袋，内放若干图片。学前儿童围成一圈坐好，教师击鼓，学前儿童随鼓声按顺序传袋。鼓声停时，袋在谁手中，谁就要从袋中摸出一张图片，说出图上绘有什么、有什么特征、是什么材料做的、有什么用处。说对了，大家鼓掌，继续游戏。说错了，教师请该学前儿童表演一个节目，由别的学前儿童纠正，然后继续游戏。

（六）注重个别教育

由于学前儿童的个性特征和智力水平都存在着差异，言语的积极性和驾驭语言的能力也不一样。因此，教师在教育活动、日常生活中，不可忽视对学前儿童的个别教育。例如：对言语能力较强的学前儿童，可向他们提出更高的要求，让他们完成一些有一定难度的言语交往任务；对言语能力较差的学前儿童，教师要主动亲近和关心他们，有意识地和他们交谈，鼓励他们大胆说话，表达自己的要求、愿望，叙述自己喜闻乐见的事，给予他们更多的语言实践机会，从而提高他们的言语水平。

四、学前儿童口语的培养

1. 激发学前儿童言语交往的需要

学前儿童自身言语交往的需要，对其言语发展非常重要。为学前儿童创造言语交往的环境包括以下方面：亲子之间的言语交往，同伴之间的言语交往，师生之间的言语交往。

2. 讲究教法

学前儿童学习语言有两条途径：一是模仿，二是强化。模仿有即时模仿和延迟模仿两种，要在语音、语法、词汇方面提供良好榜样。强化有正强化和负强化两种，强化多用于指导学前儿童学习说话、练习说话和纠正不良的说话习惯。

3. 鼓励言语创造性

学前儿童学习、使用语言中的创造性不可低估。教师在言语教育活动中，把主动性和积极性，模仿和创造性相结合，让学前儿童根据自己的经验去创造。

4. 培养"前读写"兴趣

学前期在书面语言方面处于准备期。在为读写做准备时，教师应以培养学前儿童的前读写兴趣为重点，对读写要求不要过于严格，多鼓励学前儿童，提高他们学习的积极性，肯定他们的学习态度和成绩。

【本章小结】

语言是人类交际的工具，是社会上约定俗成的符号系统。言语是运用语言进行交际活动的过程。言语和语言是密切联系的。言语在学前儿童心理发展中有非常重要的作用。言语的参与，使学前儿童认识过程发生质的变化，对学前儿童的心理活动和行为起调节作用。学前儿童的言语发展主要表现为口语的发展。学前儿童言语的发展主要表现为语音、词汇、语法以及表达能力的发展。学前期，学前儿童能够掌握全部基本语音；词汇量增加很快，词类范围日益扩大，词义逐渐丰富和加深；初步掌握语法；口语表达能力进一步发展。学前期出现了内部言语的过渡形式——出声的自言自语。

【思考与练习】

一、单项选择题

1. 学前儿童语言最初是（　　　）。
    A. 对话式的
    B. 独自式的
    C. 连贯式的
    D. 创造性的

2. 1岁至1岁半学前儿童使用的句型主要是（　　　）。
    A. 单词句
    B. 电报句
    C. 简单句
    D. 复合句

3. 关于学前儿童言语的发展，正确的表述是（　　　）。

A. "理解语言"发生发展在先，"语言表达"发生发展在后

B. "理解语言"和"语言表达"同时同步产生

C. "语言表达"发生发展在先，"理解语言"发生发展在后

D. "理解语言"是在"语言表达"的基础上产生和发展起来的

4. 下列活动属于"言语过程"的是（　　　）。

A. 听故事　　　　　　　　B. 练习打字

C. 弹琴　　　　　　　　　D. 练声

5. 学前儿童学习语言发音最容易的年龄阶段是（　　　）。

A. 2～3岁　　　　　　　　B. 3～4岁

C. 4～5岁　　　　　　　　D. 5～6岁

6. 学前儿童词汇中使用频率最高的是（　　　）。

A. 代词　　　　　　　　　B. 名词

C. 动词　　　　　　　　　D. 语气词

7. 学前儿童语言发展中最早产生的句型是（　　　）。

A. 陈述句　　　　　　　　B. 疑问句

C. 祈使句　　　　　　　　D. 感叹句

8. 学前儿童能用语言说出图形一般是在（　　　）。

A. 2岁后　　　　　　　　B. 3岁后

C. 4岁后　　　　　　　　D. 5岁后

9. 学前儿童想吃饼干了，对妈妈说，"妈妈，饼饼"。这属于（　　　）。

A. 单词句　　　　　　　　B. 双词句

C. 简单句　　　　　　　　D. 复合句

二、简答题

1. 简述言语、语言的区别与联系。

2. 学前儿童言语发展有何特点？

三、论述题

1. 学前儿童言语发展易出现的问题及教育措施。

2. 在实践中如何发展学前儿童的言语能力。

四、实例分析题

1. 一个14个月大的学前儿童被成人抱着时，着急地往柜子的方向挣扎，嘴里叫"ta，ta"（音）。成人先给他拿出奶糕粉，他又摇头又摆手，说："xi，xi"。成人于是给他拿糖罐，问："是这个吗？"他又尽力喊："xi，xi"。成人拿一块糖放在他嘴里，他脸上露出了笑容。

分析案例中的现象回答如下问题：

（1）此案例反映出学前儿童言语发展中掌握语法的什么特点？

（2）教师和家长在教育过程中应注意什么？

2. 一天，一位年轻的妈妈心急如焚地来找心理医生。心理医生招呼她坐下，她急不可待地对医生说："医生，我的孩子4岁半了，近来表现一反常态。前几天，有位女同学来我家，问他'爸爸喜欢你还是妈妈喜欢你？'他说：'爸爸喜欢你。'弄得这位尚未结婚的朋友满脸尴尬。昨天在公园玩滑梯，我让他回家，他却说'让我替小狗玩一次'……唉！这孩子，真急死人啦！"

根据上面的案例，回答下面的问题：（1）材料中反映的情况说明了什么？（2）你认为医生会对这位妈妈说些什么？

第八章

学前儿童情绪和情感的发展

【学习目标】

    1. 掌握情绪和情感的概念

    2. 把握学前儿童情绪和情感发展的特点和趋势

    3. 能初步运用学前儿童情绪和情感发展的基本理论知识，分析幼儿园的教学活动，并促进学前儿童情绪和情感的发展

【学习重点和难点】

    重点：学前儿童情绪和情感的发展特点及趋势

    难点：学前儿童情绪和情感的培养

【引入案例】

3 岁的阳阳，从小跟奶奶生活在一起。刚上幼儿园时，奶奶每次送他到幼儿园准备离开时，阳阳总是又哭又闹。当奶奶的身影消失后，阳阳很快就平静下来，并能与小朋友们高兴地玩。由于担心，奶奶每次走后又折返回来。阳阳再次看到奶奶时，又立刻抓住奶奶的手，哭泣起来。

材料反映了学前儿童情绪的哪些特点？让我们一起来学习吧。

第一节　情绪和情感的概述

一、认识情绪和情感

情绪和情感是指人对客观外界事物的态度、体验。当客观现实能够满足人的需要时，人会产生积极、肯定的情绪和情感；当客观现实不能满足人的需要时，人就会产生消极、否定的情绪和情感。

扫一扫8-1　情绪、情感的概念

情绪和情感是既相互区别又相互联系的两个概念。大体而言，区别主要表现在 3 个方面：第一，情绪是与有机体的生物需要相联系的体验形式。如，当婴儿想喝奶时，如果满足他的需求，他就会笑；如果不满足他，他就会哭。人的哭、笑及恐惧与生理需要是否满足息息相关。情感则与人的社会性需要相联系，如道德感、理智感与美感是在人与人的交往过程中产生的情感体验。第二，情绪发生得较早，是人和动物共有的，而情感体验则是人类特有的，是个体发展到一定年龄才产生的。第三，情感比情绪更稳定、持久。情绪随环境的变化而变化，情感则较稳固。然而，情绪与情感又是相互联系的。情绪是情感的基础和外在表现，情感是情绪的内化和深化。例如，北京申奥成功的那一刻，人们的大笑反映出了他们的爱国之情。

情绪的外部表现主要分为面部表情、体态表情和言语表情。面部表情因情绪的不同而变化，如人在愉快时，嘴角会上扬。体态表情是指除了面部表情之外，身体其他部位的动作，主要是指头、手和脚的动作。如人在高兴时会手舞足蹈。言语表情主要是指情绪在言语的声调、节奏及语速上的表现。如人在愤怒时音量会变大。

二、情绪和情感的功能

（一）动机作用

情绪和情感对人的行为可以产生促进或抑制的作用。总的来说，积极的情绪和情感可以提高活动的积极性，促进活动的顺利进行；消极的情绪和情感可能会降低活动的积极性，干扰活动任务的完成。比如，害怕一般会让人逃避，厌恶会让人想躲避，而高兴、喜爱等积极情绪和情感会使人想去接近或探索某一事物。

学前儿童的行为大多数都是受情绪和情感支配的，很少会受到智力的支配。所以对于学前儿童而言，情绪和情感的动机作用表现得非常明显，直接影响着学前儿童的各种行为。比如，对于喜欢搭建积木的学前儿童来说，他们会在搭建的过程中了解到物体的形状、空间关系，逐渐掌握关于数、量、形及空间的常识。可是对于不喜欢或者讨厌搭建积木的学前儿童而言，这些是难以做到的。

（二）信号作用

情绪和情感是人们表达、传递自身需要及状态（如愉快、愤怒等）的信号。情绪和情感的信号作用主要是通过面部表情、体态表情和言语表情来体现的。在学前儿童与成人的交往过程中，有些观点、愿望、思想仅仅靠言语是无法表达的，还需要借助面部表情和体态表情来进行交流。学前儿童能从与成人言语、面部和体态表情的交流中获得情绪和情感方面的信号。他们在获得这些信号后（喜欢或讨厌），就将其传递给身边的人，从而产生相应的喜欢或讨厌的行为。

正是因为情绪和情感具有信号的功能，所以家长和教师需要尽量控制自己的不良情绪，以防学前儿童学会这种信号；同时也需要注意学前儿童的情绪和情感，看看学前儿童的情绪是否存在问题，以确保学前儿童的健康发展。

（三）感染作用

在一定的条件下，一个人的情绪和情感可以影响其他人，使他人产生同样的情绪和情感。这种以情动情的现象，称为情绪和情感的感染作用。

情绪和情感的这种感染作用在学前期表现得尤为明显。例如，新生入园，班里一个幼儿哭，一些幼儿也会莫名其妙地跟着哭；教师在组织教育活动时，以自己积极的情感去感染幼儿，幼儿们也会满腔热情、积极投入。因此，幼儿园积极、愉快的生活环境对幼儿的健康成长是非常重要的。

（四）组织作用

情绪是心理活动中的监控者。它对其他心理活动具有组织作用。积极情绪起协调、组织的作用，消极情绪起破坏、瓦解的作用。研究表明，不同的情绪状态对学前儿童智力操作有不同的影响：过度兴奋不利于学前儿童的智力操作；适度的愉快情绪可以提高学前儿童智力活动的效果。这其中，起核心作用的是学前儿童的兴趣。

第二节 0～3岁婴幼儿情绪和情感的发展

一、情绪的发生

新生儿出生时即有惊奇、感兴趣、伤心、厌恶、微笑5种表情，以后不断分化。婴儿最初的情绪反应是与生理需要是否得到满足相联系的。婴儿在5～6周时会出现社会性微笑（对人的特别兴趣和微笑）；3～4个月时会出现愤怒、悲伤的情绪；6～8个月时会产生依恋及面对陌生人的焦虑和分离焦虑。1岁半以后的幼儿会产生羞愧、自豪、骄傲、内疚、同情等复杂的社会性情感。

二、情绪的社会化

（一）社会性微笑

婴儿情绪社会化的主要表现是社会性微笑的出现，这促进婴儿社会交往的发展。社会性微笑的发展主要经历3个阶段。

1. 第1阶段：自发的笑（0～5周）

婴儿最初的笑是自发性的，也可称内源性的笑或早期笑。

有研究报告指出：婴儿出生2～12小时后，面部即有像微笑的表情。

这通常发生在婴儿睡眠中或困倦时，并且是突然出现的、低强度的。

2. 第2阶段：无选择的社会性微笑（5周～3个半月）

在这个阶段，婴儿能够区分社会的和非社会的刺激，对人脸、人说话的声音开始有特别的选择，明显对社会刺激笑得更多，出现了最初的社会性微笑，但还不能区分不同的人。

3. 第3阶段：有选择的社会性微笑（3个半月以后）

从3个半月起，随着婴儿处理刺激内容能力的增强，他能够区别熟悉的面孔和其他的东西，开始对不同的人有不同的微笑，出现有选择的社会性微笑，这才是真正意义上的社会性微笑。

（二）陌生人焦虑和分离焦虑

婴儿在6～8个月期间，会出现陌生人焦虑，当看到陌生人或者被陌生人抱起时，出现焦虑情形。并且婴儿在六七个月时产生分离焦虑，害怕和养育者尤其是妈妈分开，逐渐产生依恋。怯生指婴儿对不熟悉的人所表现出的害怕反应，一般在6个月左右出现。伴随婴儿对母亲依恋的形成，怕生情绪也逐渐明显、强烈。

（三）婴幼儿与照顾者之间的情绪互动

婴幼儿很早就能对他人（特别是照顾者）的情绪意义做出反应。研究表明，婴幼儿可以根据照顾者的情绪反应来调整自己的行为。

两个半月的婴儿便会对生气的照顾者报以生气的情绪；3个月的婴儿对面无表情、无反应的母亲，会以做鬼脸、发出声音和采取不同的姿势来引起母亲的反应；9个月的婴儿面对愉快的母亲，会显示出愉快的表情，而当母亲表情悲伤时，他们也会显得悲伤并转过头去。

第三节　3～6岁幼儿情绪和情感的发展

一、幼儿情绪发展的特点

幼儿情绪发展主要表现为：各种情绪体验逐渐丰富和深刻，情感越来越占主导地位。

扫一扫8-2　幼儿
情绪、情感的特征

（一）情绪的易冲动性

幼儿常常处于激动状态，而且来势猛烈，不能自制，往往身心都受到这种不可遏制的威力所支配。例如，新入园的第一天，当幼儿看见妈妈要离开时，马上就会大哭起来，无论教师怎么要求"不要哭了"都没有效果。幼儿情绪的易冲动还常常体现在用过激的动作和行为表现自己的情绪。

随着幼儿大脑的发育和语言的发展，幼儿情绪的易冲动性逐渐下降。幼儿最初对情绪的控制是被动的，即在成人的要求下控制自己的情绪。到了幼儿园大班，幼儿对情绪的自我调节能力才逐渐发展起来。教师和家长的教育，有利于幼儿养成自我控制情绪的能力。

（二）情绪的不稳定性

幼儿的情绪是非常不稳定的，容易变化，表现为两种对立的情绪在短时间内互相转换。当妈妈离开时，幼儿会哭泣；成人递给他一块糖，他立刻会笑。这种"破涕为笑"的现象，在幼儿园小班很常见。幼儿情绪的不稳定性与以下两个因素有关。

1. 情境性

幼儿的情绪会随着某种情境的出现而出现，随着情境的消失而消失。

2. 易感染性

易感染性是指情绪非常容易受到周围人情绪的影响。幼儿到了大班以后，情感的稳定性会逐渐增强，但仍容易受到家长和教师的感染。所以，家长和教师在幼儿面前必须控制自己的不良情绪。

（三）情绪的外露性

幼儿从不会调节自己的情绪表现，发展为产生调节自己情绪表现的意识。但由于自我控制的能力差，幼儿还不能完全控制自己的情绪表现。这种情况一直持续到幼儿园小班。如常常有一些初上幼儿园的孩子由于离开熟悉的家庭环境而哭起来，却又一边抽泣，一边自言自语地说："我不哭了，我不哭了。"这说明幼儿情绪和情感仍然是明显外露的。

幼儿园大班左右，幼儿调节自己情绪表现的能力已有一定的发展。比如，幼儿在不愉快的时候也不哭，但这种控制是在一定范围内的。如一个孩子从家里带了梨，在幼儿园吃梨的时候，刚吃了几口，梨掉到地上了。当时，老师没在意，就扫走了，也没注意到孩子有什么反应。当晚孩子一见到妈妈，就委屈地哭起来，并告诉妈妈，老师把梨扫走了。孩子在父母和他人面前，行为表现有所不同。在父母面前较少克制，而在他人面前时，则能有一定的控制力，即使有要求，也表达得较委婉。这表明幼儿已有一定的情绪调节能力。

二、幼儿高级情感的发展

（一）道德感

道德感是用一定的道德标准去评价自己、他人的思想和言行时产生的情感体验。3岁前幼儿只有某些道德感的萌芽。小班幼儿的道德感主要是指向个别行为，如懂得摘花、咬人是不对的。中班幼儿不但关心自己的行为是否符合道德标准，而且开始关心别人的行为，并由此产生相应的感情。如发现不符合规则的小朋友就向老师告状，评价其他幼儿的行为是否符合规则。大班幼儿的道德感进一步发展和复杂化。他们对好与坏、好人与坏人有明显的不同感情，这不仅表现在想法上，还表现在更概括的观念体验上，如爱小朋友、爱集体等。羞愧感从幼儿四五岁时开始明显发展起来，他们会对错误行为感到羞愧。幼儿执行成人的口头要求，是在集体活动中和在成人的道德评价下逐渐发展起来的。

（二）理智感

理智感是在认识客观事物的过程中所产生的情感体验，与人的求知欲、认识兴趣、解决问题的需要等满足与否相联系。学前期是理智感开始发展的时期。例如，三四岁的幼儿在成人的指导下，用积木搭出一座房子或一辆汽车时，会高兴地拍起手来。五六岁的幼儿会长时间迷恋于一些创造性活动，如用积木搭出居民小区、宇宙飞船、航空母舰，用泥沙堆成公路、山坡等。6岁幼儿理智感的发展还表现在喜欢玩各种智力游戏，如下棋、猜谜语等。这些活动不仅使幼儿产生由活动本身带来的满足、愉快、自豪、独立感等积极情感，而且还会成为促进幼儿进一步去完成新的、更为复杂的认识活动的强化物。

幼儿的理智感主要表现为强烈的好奇心和求知欲。幼儿特别喜欢追问，这是其他任何年龄阶段都无法相比的。幼儿初期的孩子往往会问"是什么"，而后逐渐发展到问"怎么样""为什么"等。

幼儿理智感的另一种表现形式是与动作相联系的"破坏"行为。崭新的玩具刚买回家，转眼工夫，就被他们拆得四分五裂，一些家长为此感到烦恼。一位母亲告诉著名教育家陶行知，他的儿子把买回来的手表拆了，他一气之下，把儿子痛打了一顿。陶行知先生幽默地说："恐怕"中国的爱迪生"被你枪毙掉了。"在日常生活中，有许多成人觉得十分平常的事和现象，幼儿却感到新奇，幼儿要问、要拆，这是幼儿理智感发展的表现。家长和教师要珍惜幼儿的这种探究热情，保护和满足他们的好奇心。

幼儿理智感的发生，在很大程度上取决于环境的影响和成人的培养。教师或家长适时地给幼儿提供恰当的知识，注意发展他们的智力，鼓励和引导他们提问等，有利于促进幼儿理智感的发展。

（三）美感

美感是使用一定的标准评价事物时所产生的情感体验，是幼儿对客观事物美的感受和体验，是培养幼儿审美能力的基础。艳丽的色彩、优美的线条、和谐的造型、完美的构图等，都能引起幼儿愉快的体验、美好的感受。年龄小的幼儿往往就事物的单个属性去体验美，而年龄大的幼儿则从整体属性上去体验事物的美。幼儿美感发展要受多种心理因素的影响，如感觉和知觉、表象、思维、情感等。教师根据幼儿的心理特点进行美育，可主要采取训练感觉和知觉、丰富表象和联想、加深情感体验等方法。

三、幼儿情绪与情感发展的趋势

幼儿情绪与情感的发展趋势主要体现在社会化、丰富和深刻化、自我调节了3个方面。

（一）情绪的社会化

幼儿最初出现的情绪是与生理需要相联系的，随着年龄的增长，情绪逐渐与社会性需要相联系。幼儿情绪的社会化主要体现在以下3点。第一是社会性交往的成分不断增加。第二是引起情绪反应的社会性动因不断增加。3～6岁幼儿情绪反应的动因，除了与满足生理需要有关的事物外，还有大量与社会性需要有关的事物。第三是表情的社会化。幼儿表情社会化的发展主要包括两个方面：理解（辨别）面部表情的能力，以及运用社会化表情手段的能力。

（二）情绪的丰富与情感的深刻化

幼儿情绪所指向的事物越来越丰富，具体包括两种含义：其一，情绪过程越来越分化，如刚出生的婴儿只有少数几种情绪，随着年龄的增长，情绪不断分化、增加；其二，情绪指向的事物不断增加，有些先前不能引起幼儿情绪体验的事物，随着年龄的增长，引起了他们的情绪体验。所谓情感的深刻化，是指情绪从指向事物的表面到指向事物更内在的特点。

（三）情绪的自我调节化

从情绪的发展过程看，幼儿情绪越来越受自我意识的支配。随着年龄的增长，幼儿对情绪过程的自我调节能力越来越强。中班和大班的幼儿情绪要比小班幼儿稳定些，他们的行为受情绪支配的比例在下降，开始学会控制自己的情绪。如小班幼儿打针时会大哭，但大班幼儿会自我安慰："我都是大哥哥了，我不能哭"。但总体而言，幼儿的情绪仍然是不稳定、易变化的。

第四节 学前儿童情绪和情感的培养

一、营造良好的情绪环境

学前儿童的情绪容易受周围环境气氛的感染。他人的情绪因素会使他们在无意中受到影响。

（一）保持和谐的气氛

现代社会的急剧变化和竞争的加剧，使人容易处于紧张和焦虑之中，这对学前儿童发展非常不利。因此，家长在家庭中要有意识地保持良好的情绪氛围，营造一个有利于情绪放松的环境。成人之间要互敬互爱，所有家庭成员尽量使用礼貌用语，并努力避免剧烈的冲突。

（二）建立良好的亲子情和师生情

正确对待学前儿童的依恋，对学前儿童的情绪发展有重要的意义。母亲在给孩子喂奶时，就要同时注意与孩子的感情联系。有的母亲认为孩子小、不懂事，把喂奶过程只当作事务性动作，这不利于孩子的情感发展。

幼儿园的师生情，主要依靠教师有意识的培养。幼儿需要得到教师较多的注意、具体接触和关爱，特别是教师对幼儿的理解和尊重。比如，幼儿园小班的孩子，很愿意搂着老师，让老师摸摸头、亲一亲。

二、成人要注意情绪自控

学前儿童得到的关爱，是学前儿童情绪发展的必要营养。成人要给学前儿童以愉快、稳定的情绪示范和感染。家长要避免喜怒无常，不过分溺爱，也不吝惜爱；教师也应把忧伤留在教室外，情绪饱满地走进课堂，理智对待每个学前儿童的情绪和态度。

三、采取积极的教育态度

（一）肯定为主，多鼓励

许多父母常常对孩子说："你不行""你太笨""没出息"，等等。经常处于这些负面影响下的孩子会情绪消极，也没有活动热情。有个孩子平时画画并不太好，当他在幼儿园画的画第一次获奖并把奖品拿回家时，妈妈高兴地说："太好了，我知道你能行，你画的大红花多漂亮啊！"从此，这个孩子画得越来越好。

（二）耐心倾听孩子说话

孩子总是愿意把自己的见闻向亲人诉说。可是成人往往由于自己太忙，没有时间听孩子说话。有时成人认为孩子说得太幼稚可笑，不屑一听，这些都会使孩子感到孤单，进而情绪不佳。有时孩子会因此出现逆反心理，故意做出错误行为，以引起成人的注意。所以家长和教师要耐心倾听孩子说话。

（三）正确运用暗示和强化

学前儿童的情绪在很大程度上受成人暗示的影响。比如，有位家长在外人面前总是对自己孩子加以肯定，说："他很勇敢，打针从来不哭。"这个孩子很容易在这种暗示下控制自己的情绪。如果家长总是对别人说："我家的孩子很胆小，爱哭。"这种暗示很容易造成孩子的消极情绪。

四、帮助学前儿童克服不良情绪

学前儿童大多不会控制自己的情绪，成人可以用各种方法帮助他们控制情绪。

（一）转移法

转移法是指把注意力从产生消极、否定情绪的活动或事物上转移到能产生积极、肯定情绪的活动或事物上来。

（二）冷却法

当学前儿童情绪强烈对立时，成人要把教育的重点放在平复学前儿童的感情上，使学前儿童尽快恢复理智，而不要"针尖对麦芒"。可以采取暂时不予理睬的办法，待学前儿童冷静下来后，让他想一想，反思一下：自己刚才的情绪表现是否合适，要求是否合理，等等。

（三）消退法

消退法是对某些强化不良行为的因素予以消除，以减少不良行为的发生。

【本章小结】

情绪和情感是指客观事物是否满足人的需要而产生的态度体验。

情绪和情感是既相互区别又相互联系的两个概念。第一，情绪是与有机体的生物需要相联系的体验形式。第二，情绪发生得较早，是人和动物共有的；而情感体验则是人类特有的，是个体发展到一定年龄才产生的。第三，情感比情绪更稳定、持久。

情绪与情感的功能：动机作用、信号作用、感染作用、组织作用。

新生儿出生后，立即可以产生情绪表现。新生儿哭、安静下来、划动四肢等，可称为原始的情绪反应。

学前儿童情绪、情感的发展主要表现为：各种情绪体验逐渐丰富和深刻，情感越来越占主导地位。

学前儿童情绪与情感的发展趋势主要体现在情绪与情感的社会化、丰富和深刻化、自我调节化三个方面。

学前儿童情绪与情感的培养：营造良好的情绪环境，成人要注意情绪自控，教师或家长采取积极的教育态度等。

【思考与练习】

一、名词解释

1. 情绪和情感

2. 道德感

3. 理智感

二、填空题

1. 情绪、情感在心理发展中的作用是 ＿＿＿＿＿、＿＿＿＿＿、＿＿＿＿＿ 和 ＿＿＿＿。

2. 新生入园，班里有一个孩子哭，其他孩子也会莫名其妙地跟着哭，是因为学前儿童的情感具有 ＿＿＿＿＿。

3. 理智感的两种表现形式是 ＿＿＿＿＿＿＿＿＿＿、＿＿＿＿＿＿＿＿＿＿＿。

三、选择题

1. 在学前儿童身上常常见到破涕为笑、脸上挂着泪水又笑起来的情况，这主要是因为（　　）。

    A. 学前儿童的情绪还是由生理需要控制的

    B. 学前儿童的意志力差

    C. 学前儿童的自我意识还未形成

    D. 学前儿童的情绪是不稳定的

2. 学前儿童从 5 岁左右开始特别喜欢提问，对回答结果十分关心，并由此产生愉快、满足或失望、不满等情绪。这表明此时期的学前儿童已明显出现了（　　）。

    A. 道德感   B. 美感

    C. 理智感   D. 自我效能感

3.（2013 年真题）中班幼儿告状现象频繁，这主要是因为学前儿童（　　）。

    A. 道德感的发展

    B. 羞愧感的发展

    C. 美感的发展

    D. 理智感的发展

四、判断题

1. 学前儿童是无忧无虑的。（　　　）

2. 情绪产生的前提是需要的满足。（　　　）

3. 学前儿童智力操作的最佳情绪背景是特别高兴的状态。（　　　）

4. 学前儿童不存在情绪健康问题。（　　　）

5. 学前儿童告状是孩子道德感发展的表现。（　　　）

6. 拆卸玩具行为是学前儿童求知欲的表现。（　　　）

7. 学前儿童很会掩饰自己的情绪。（　　　）

8. 幼儿园的精神环境指的是游戏室的布置。（　　　）

9. 新生儿刚出生时，就有了各种情绪。（　　　）

五、实例分析题

李老师第一次带班，他发现中班幼儿比小班幼儿更喜欢告状。教研活动时，大班教师告诉他说，中班幼儿确实更喜欢告状，等到了大班，告状行为就会明显减少。

（1）请分析中班幼儿喜欢告状的可能原因。

（2）请分析大班幼儿告状行为减少的可能原因。

第九章
学前儿童个性的发展

【学习目标】

1. 掌握个性心理特征的概念和主要内容
2. 掌握学前儿童自我意识的发展特点
3. 理解学前儿童需要的发展
4. 理解学前儿童性格、气质、能力发展的特点
5. 在幼儿园教育中应用学前儿童个性心理特征规律

【学习重点和难点】

重点：学前儿童气质的类型、家庭对学前儿童性格发展的影响

难点：学前儿童自我意识的发展阶段和发展趋势

【引入案例】

中班的丽丽和班里的其他小朋友不太一样。她不太爱和别人讲话，也不太爱主动和别人玩。最爱做的事就是坐在座位上安静地画画。在画画时，不管其他小朋友怎么逗她，她都无动于衷。丽丽在幼儿园里还有一个很突出的特点，就是她每次午睡过后，都会把小被子叠得整整齐齐的，为此，班里的小朋友都挺崇拜她呢！

小班的小华上课总是坐不住。他一会儿站起来，一会儿坐在地上，一会儿又动动这、摸摸那儿，弄得老师有些头疼。尤其是今天，当着到本班听课的园领导的面，小华仍然我行我素。

问题：请用学前儿童个性发展的相关知识分析学前儿童的不同表现。

第一节　个性形成的开始

一、个性的内涵

（一）定义

个性是指一个人比较稳定的、具有一定倾向性的各种心理特点或品质的独特组合。人与人之间个性的差异，主要体现在每个人待人接物的态度和言行举止中。行为表现更能反映一个人真实的个性。

扫一扫9-1　个性

（二）个性的结构

个性是由哪些心理成分构成的呢？不同的心理学家有不同的划分方式，下面介绍比较普遍的划分方式。

1. 个性倾向性

个性倾向性包括需要、动机、兴趣、理想、信念、世界观等，表明人对周围环境的态度，是个性心理结构中最活跃的成分。

2. 个性心理特征

个性心理特征包括气质、性格、能力等，这些特征最突出地表现出人的心理的个别差异。

3. 自我意识

自我意识包括自我认识、自我体验、自我调节，是个性心理结构中的控制系统。

二、个性的基本特征

人的行为中，并非所有的行为表现都是个性的表现。要想了解一个人的个性行为，就有必要了解个性的一些基本特征。

（一）独特性

个性的独特性是指人与人之间没有完全相同的个性，人的个性千差万别。在现实生活中，我们无法找到两个个性完全一样的人。即使是躯体相连的兄弟、姐妹之间也存在着明显的差异。

与此同时，个性的独特性并不排除人与人之间的共同性。虽然每个人的个性都是不同于他人的，但对于同一个民族、同一性别、同一年龄的人来说，个性往往存在着一定的共性。一个国家、一个民族的人心理都有一些比较普遍的特点，如中国人的性格都或多或少有着儒家思想的烙印。而同一年龄的人身上更是存在一些典型特点，如学前儿童有一些明显的共同特征：好动、好奇心强等。从这个意义上说，个性是独特性与共同性的统一。

（二）整体性

个性是一个统一的整体结构，是由各个密切联系的成分所构成的多层次、多水平的统一体。在这个整体中，各个成分相互影响、相互依存，使每个人行为的各方面都体现出统一的特征。这就是个性的整体性含义。因此，从一个人行为的一个方面往往可以看出他的个性，这就是个性整体性的具体表现。

（三）稳定性

个性具有稳定性的特点。个人偶然的行为不能代表他真正的个性，只有比较稳定的、在行为中经常表现出来的心理倾向和心理特征才能代表一个人的个性。

个性是相对稳定的，但并不是一成不变的，因为现实生活是非常复杂的，现实生活的多样性和多变性带来了个性的可变性。对于一个处于成长发育期的孩子来说，即使是已经形成了的一些比较稳定的个性特点，在一定的外界条件作用下，也会发生不同程度的改变。所以说，个性是稳定性和可变性的统一。

（四）社会性

人的本质是一切社会关系的总和。在人的个性形成、发展中，人的个性的本质是由人的社会关系决定的，如个性中的最高层次——人生观、价值观。这些个性特征的形成，是和一个人所处的社会生活环境及其所受的教育密切联系的。社会因素对个性的影响还表现在，即使一些比较基本的个性特征的形成，也与人所处的社会环境密不可分。比较典型的例子就是不同国家（或地区）、不同民族的人的个性有比较明显的特点。因此，个性具有强烈的社会性，是社会生活的产物。影响个性形成的社会因素可以分为两个方面，即宏观环境和微观环境。宏观环境主要指一个人所属的民族、国家（或地区）、所处的时代及其社会生活条件和社会风气。微观环境主要是指家庭、学校及生活、工作环境。对于学前儿童来说，影响其个性发展的主要因素是家庭和幼儿园。

个性具有社会性，但个性的形成也离不开生物因素。现代心理学已经证明，生物因素给个性发展提供了可能性，社会因素使这一可能变成现实。而影响个性的生物因素主要是一个人的神经系统的特点。因此，我们说个性是社会性和生物性的统一。

三、学前儿童个性形成过程

2岁前，学前儿童还没有很好地掌握语言、思维没有完全形成等。在这一阶段，他们的心理活动是零碎的、片段的，他们还没有形成个性。

2岁左右，学前儿童的个性逐步萌芽；3～6岁，学前儿童的个性开始形成。

所谓个性开始萌芽，是指心理结构的各成分开始组织起来，并有了某种倾向性的表现，但是还没有形成稳定倾向性的个性系统。

幼儿园时期是学前儿童个性开始形成的时期，该时期学前儿童个性的各种心理结构成分开始发展，特别是性格、能力等个性心理特征和自我意识已经初步发展起来。同时，各种心理活动不仅已经结合成为整体，而且表现出明显、稳定的倾向性，形成个人的独特性。每个学前儿童在各个不同场合、情境，对不同的事件，都倾向于以一种自身独有的方式去反应，表现出自己所特有的态度和行为方式。

3～6岁时，学前儿童个性开始萌芽，或者说是个性初具雏形。直到成熟年龄（大约18岁），人的个性才基本定型，而且个性在定型以后，还可能发生变化。

第二节 学前儿童自我意识的发展

自我意识指个体对自己所作所为的看法和态度（包括对自己存在的意识，以及自己与周围的人或物的关系的意识）。在自我认识的过程中，个体是把认识的目光对着自己的，这时的个体既是认识者，也是被认识者。

自我意识包括3种形式，即自我认识（狭义的自我意识）、自我体验和自我评价。

一、学前儿童自我认识的发展

自我认识的对象包括自己的身体、动作和行动，以及自己的内心活动。

（一）对自己身体的认识

1. 不能意识到自己的存在

学前儿童认识自己，需要经过一个比认识外界事物更为复杂、更为长久的过程。学前儿童最初不能意识到自己，不能把自己作为主体去同周围的客体区分开来。几个月大的婴儿甚至不

能意识到自己身体的存在，不知道自己身体的各个部分是属于自己的。

2. 认识自己身体各部分

随着认识能力的发展和成人教育的影响，1 岁左右的婴幼儿逐渐开始认识自己身体的各个部分。但是，他们还不能明确区分自己身体的各种器官和别人身体的器官。例如，当妈妈抱着孩子问他的耳朵在哪里时，孩子用手摸摸自己的耳朵，又立即去摸妈妈的耳朵。

3. 认识自己的整体形象

学前儿童对自己的面貌和整个形象的认识，也要经过一个较长的过程。最初婴儿在镜子里发现自己时，总是把镜中形象作为别的孩子来认识。至于对自己的影子，学前儿童认识更晚。有报告指出，2 岁半到 3 岁，学前儿童还难以理解自己的影子，常常指着自己的影子叫"小孩"，追着影子试图用脚去踩。

心理学家做了这样的实验：在学前儿童熟睡时，在他们的鼻子上抹上胭脂，等他们醒来后，让他们照镜子。结果发现：有些 15 个月大的学前儿童会看着镜子，摸自己那抹了胭脂的鼻子；但大部分学前儿童要在 21 个月以后才出现这种行为。由此心理学家得出结论，学前儿童的自我意识大约在 20 个月时形成。

对自己身体的认识，既是学前儿童认识自我存在的开始，也是学前儿童认识物我关系（即物体和自己的关系）的开始。学前儿童意识到自己对物的"所有权"，似乎是从这里开始的。

4. 意识到自己身体的内部状态

学前儿童对于自己身体内部状态的意识，是到 2 岁左右才开始发生的，比如会说："宝宝饿"，这是他们身体内部意识最初的表现。

5. 名字与身体相联系

学前儿童在很长一段时间不能把自己的名字和自己的身体相联系。婴儿在八九个月时，当成人用他的名字问："×× 在哪呢？"，婴儿能用微笑或动作做出正确的回答。但直到 3 岁左右，学前儿童还倾向于用名字称呼自己，不用代名词"我"，似乎是把自己和自己以外的人或物同等对待。

（二）对自己行动的意识

动作的发展是学前儿童产生对自己行动的意识的前提条件。培养学前儿童对自己动作和行动的意识，是发展其自我调节和监督能力的基础。1 岁以后，学前儿童逐渐能够把自己的动作和动作的对象区分开来，并且体会到自己的动作和物体的关系。

（三）对自己心理活动的意识

对自己内心活动的意识，比对自己的身体和动作的意识更为困难。因为自己的身体是看得见、摸得着的，自己的行动也是具体可见的，而内心活动则是看不见的。对内心活动的意识要求较高一些的思维发展水平。

学前儿童从 3 岁左右开始，出现对自己内心活动的意识。比如，学前儿童开始意识到"愿意"和"应该"的区别；开始懂得什么是"应该的"，"愿意"要服从"应该"。

4 岁以后，学前儿童开始比较清楚地意识到自己的认识活动、语言、情感和行为。他们开始知道怎样去注意、观察、记忆和思维。但是，学前儿童往往只停留在意识心理活动的结果，而意识不到心理活动的过程。如他们能做出判断，却不知道判断是如何做出的。

掌握"我"字是自我意识形成的主要标志。学前儿童从知道自己的名字发展到知道"我"，意味着从行动中实际地成为主体，意识到了自己是各种行为和心理活动的主体。

二、学前儿童自我评价的发展

自我评价大约在 2 ～ 3 岁开始出现。学前儿童自我评价的发展与学前儿童认知和情感的发展密切相关，其特点如下。

（一）主要依赖成人的评价

学前早期，学前儿童还没有独立的自我评价。他们的自我评价常常依赖于成人对他们的评价，往往不加考虑地轻信成人对自己的评价，自我评价只是成人评价的简单重复。

学前晚期，学前儿童开始出现独立的评价，对成人对他的评价逐渐持有批判的态度。如果成人对他的评价不符合他的实际情况，学前儿童会提出疑问或申辩，甚至表示反感。

【案例链接】

乐乐因打了人，没有拿到小红花，而其他小朋友都拿到了。当天妈妈来接时，他不肯回家，非要拿到小红花才肯离园。经过老师教育，他明白了道理。从第二天起，他自觉控制自己的行为，每天都要问老师："我今天表现好吗？"终于有一天，老师说他有进步，给了他一朵小红花，乐乐高兴极了。

（二）常常带有主观情绪性

学前儿童往往不从具体事实出发，而从情绪出发进行自我评价。在一个实验里，让学前儿童把自己的绘画和泥工作品同别人的作品进行比较。当学前儿童知道比较的对方是老师的作品时，尽管这些作品比自己的质量差（这是实验者故意设计的），学前儿童也总是评价自己的作品不如对方。而当学前儿童对自己的作品和小朋友的作品进行比较时，则总是评价自己的作品比别人的好。这一实验结果充分说明了学前儿童自我评价的主观性。

学前儿童一般都过高评价自己。随着年龄的增长，他们的自我评价会逐渐趋于客观。

（三）受认识水平的限制

学前儿童的自我评价受整体思维、认知发展水平的影响很大，这突出表现在以下方面：学前儿童的自我评价一般比较笼统，通常只从某个方面或局部对自己进行评价，以后会逐渐向比较具体、细致的方向发展，能够做出比较全面的评价；最初往往较多局限于对外部行动的评价，后来逐渐出现对内心品质的评价；从只有评价、没有论据，发展为有论据的评价。

三、学前儿童自我体验的发展

学前儿童自我体验最明显的特点就是受暗示性。成人的暗示对学前儿童自我体验的产生起着重要作用，并且这种作用在年龄越小的学前儿童身上，表现得越明显。如教师问一个学前儿童："做'捂眼睛、贴鼻子'游戏时，如果你私自拉下毛巾，被老师发现，会觉得怎样？"3岁的学前儿童中只有 3.33% 的人有自我体验。而如果被暗示后（"你做了错事，觉得难为情吗"），有 26.67% 的学前儿童有自我体验。这就提醒教师和家长要充分注意学前儿童受暗示性强的特点，多采用积极的暗示，使他们逐步树立自信心，并逐渐学会体谅他人的心情。

四、学前儿童自我调节的发展

自我意识的发展必须体现在自我调节或自我监督上。因为个性发展的核心问题是自觉掌握自己的心理活动行为。

学前儿童自我调节能力是逐渐产生和发展的，表现为开始时完全不能自觉调控自己的心理与行为，心理活动在很大程度上受外界刺激与情境特点的直接制约，以后随着生理的发育成熟，在环境教育作用下，他们逐渐能够按照成人的指示、要求调节自己的行为，并且逐渐能够自觉地调整自己的心理和行为。

总的来说，学前儿童自我意识的发展，表现在能够意识到自己的外部行为和内心，由此逐渐形成自我满足、自尊心、自信心等性格特征。

小资料："延迟满足"实验

所谓延迟满足，就是能够等待自己需要的东西的到来，而不是想到什么就要什么，这是一个很通俗的解释。

实验者发给4岁被试的学前儿童每人一颗好吃的棉花糖，同时告诉他们：如果马上吃，只能吃一颗；如果等20分钟后再吃，就能吃两颗。有的孩子急不可待，把棉花糖马上吃掉了；而另一些孩子则耐住性子、闭上眼睛或头枕双臂做睡觉状，也有的孩子用自言自语或唱歌来转移注意以克制自己的欲望，从而获得了更丰厚的报酬。在美味的棉花糖面前，任何孩子都将经受考验。

这个实验用于分析学前儿童承受延迟满足的能力。研究人员在十几年以后再考察当年那些孩子现实的表现。结果发现，那些能够为获得更多的棉花糖而等待更久的孩子，要比那些缺乏耐心的孩子更容易获得成功，他们的学习成绩要相对好一些。在后来的几十年的跟踪观察中，实验者发现有耐心的孩子在事业上的表现也较为出色。也就是说，延迟满足能力越强，越容易取得成功。

第三节 学前儿童需要的发展

一、什么是需要

需要是有机体内部的某种缺乏或不平衡状态，是人的一切活动的动力源泉，表现为生理不平衡和心理不平衡。需要起源：由主体对客观事物的要求引起，通常来自内部或外部环境。需要总是指向客体或事件。需要是个体活动的基本动力。

二、需要的种类

根据需要起源的不同，可分为生物性需要和社会性需要。根据需要指向的不同，可分为物质需要和精神需要。

（一）生物性需要和社会性需要

1. 生物性需要

生物性需要又称自然需要，是指保存和维持有机体生命和延续种族的一些需要，如饮食、运动、休息、睡眠、排泄等需要。

2. 社会性需要

社会性需要指与人的社会生活相联系的一些需要，如劳动、交往、成就、奉献等。

（二）物质需要和精神需要

1. 物质需要

物质需要指向社会的物质产品，并以占有这些产品而获得满足，如对工作和劳动条件的需要，日常生活必需品的需要，住房、交通条件的需要等。

2. 精神需要

精神需要指向社会的各种精神产品，如对文艺作品的需要、欣赏美的需要、娱乐的需要等。

拓展阅读：马斯洛的需要理论

人类的基本需要是按出现的先后或力量从弱到强排列成等级的。生理需要：食物、水分、空气、睡眠的需要;在人的所有需要中,生理需要是最重要、最有力的。安全需要:对稳定、安全、得到保护、秩序等的需要;学前儿童的安全需要很强烈。归属和爱的需要:要求与他人建立感情联系,如结交朋友、追求爱情等的需要。尊重的需要:包括自尊和受到别人的尊重。自我实现的需要:追求实现自己的能力或潜能。

人类的需要是一种似本能的基本需要。似本能的基本需要是一种内在的潜能或固有趋势。这种似本能需要在某种程度上是由体质或遗传决定的。人类的需要可分为高级需要和低级需要。

三、学前儿童需要的发展特点

（一）开始形成多层次、多维度的整体结构

学前儿童的需要中,既有生理与安全需要,也有交往、游戏、尊重、学习等社会性形式的需要,并且各种需要的水平也在提高,如表 9-1 所示。

表9-1　学前儿童需要结构模式

层次	生理与物质生活	安全与保障	交往与友爱	游戏活动	求知活动	尊重与自尊	利他行为
1	吃、喝、睡等	人身安全	母爱	游戏	听讲故事	信任、自尊	劳动
2	智力玩具	躲避羞辱	友情	文娱活动	学习文化知识	求成功	助人

（二）优势需要有所发展

不同年龄段的学前儿童需要的排序都在发生变化。从 5 岁开始,学前儿童的社会性需要迅速发展。6 岁时,学前儿童希望得到尊重的需要强烈,同时对友情的需要开始发生。

第四节　学前儿童气质的发展

气质是指一个人所特有的、相对稳定的心理活动的动力特征。气质使人的整个心理活动带上了个人独特的色彩,影响着心理活动进行的特点。

与其他个性心理特征相比,气质和人的解剖生理特点具有最直接的联系,具有较突出的生物性,学前儿童生来就具有个人最初的气质特点。与此同时,气质与其他个性特征相比,具有更大的稳定性。

扫一扫9-3　学前儿童气质的发展

一、气质的类型

（一）传统的气质类型

传统上根据神经类型活动的强度、平衡性及灵活性的不同，一般将人的气质划分为 4 种类型：胆汁质、多血质、黏液质及抑郁质，具体见表 9-2。

表9-2　传统气质类型的划分

神经类型	气质类型	心理表现
强、不平衡	胆汁质	反应快、易冲动、难约束
强、平衡、灵活	多血质	活泼、灵活、好交际
强、平衡、惰性	黏液质	安静、迟缓、有耐性
弱	抑郁质	敏感、畏缩、孤僻

这 4 种类型的人都有其各自的典型特征。

胆汁质：直率热情，行为果断，精力旺盛，情绪易冲动，心理变化激烈，行动迅速有力，语言爽快明确，富于表情。一般具有外倾性。

多血质：活泼好动，反应迅速，精力充沛，兴趣易变换，注意易转移，情感产生较快但不持久，举止敏捷，表情生动，喜欢交往，注重效率。一般具有外倾性。

黏液质：安静稳重，反应较慢，情感稳定持久，注意力集中，应变能力较差，善于忍耐，言语不多，喜欢较稳定的环境。一般具有内倾性。

抑郁质：敏感孤僻，沉默寡言，行动迟缓，情感体验深刻，持久而不强烈，观察细致，谨小慎微。一般具有内倾性。

其实，在现实生活中，只有非常少数的人具有单一的、典型的气质类型，大多数人都是兼具几种气质类型，只是某一种类型的表现更突出一些。

传统的 4 种气质类型的划分对学前儿童同样适用。由于学前儿童外部表现典型，容易区分他们的气质类型，因此，从教育角度来看，传统的气质类型划分比较具有实际应用价值。

（二）托马斯、切斯的气质类型

近年来，比较有代表性的如托马斯、切斯的气质类型的划分，也被广泛运用。

托马斯、切斯根据 9 个维度，对从 3 岁前学前儿童的气质类型进行划分，具体划分为三种类型。

1. 容易型

许多被试者属于这一类，约占全体研究对象的 40%。这类被试者吃、喝、睡、大小便等生理机能活动有规律，节奏明显，容易适应新环境，也容易接受新事物和不熟悉的人。他们的情绪一般积极、愉快，对成人的交流行为反应适度。由于他们生活规律、情绪愉快，且对成人的抚养活动提供大量的积极反馈（强化），因而容易得到成人最大的关怀和喜爱。

2. 困难型

这一类被试者的人数较少，约占全体研究对象的 10%。他们时常大声哭闹、烦躁易怒、爱发脾气、不易安抚。在饮食、睡眠等生理机能活动方面缺乏规律性，对新食物、新事物、新环境接受很慢，需要很长的时间去适应新的安排和活动，对环境的改变难以适应。他们情绪总是不好，在游戏中也不愉快。成人需要费很大力气才能使他们接受抚爱，很难得到他们的正面反馈。由于这种孩子对父母来说是一个较大的麻烦，因而在哺育过程中需要成人极大的耐心和宽容。否则易使亲子关系疏化，易使孩子缺乏抚爱、教养。

3. 迟缓型

约有 15% 的被试者属于这一类型。他们的活动水平很低，行为反应强度很弱，情绪总是消极而不甚愉快。但也不像困难型被试者那样总是大声哭闹，而是常常安静地退缩、畏缩，情绪低落，逃避新刺激、新事物，对外界环境、新事物、生活变化适应缓慢。在没有压力的情况下，他们会对新刺激缓慢地发生兴趣，在新情境中能逐渐活跃起来。这一类被试者随着年龄的增长，随成人抚爱和教育情况的不同而发生分化。

托马斯、切斯认为，以上 3 种类型只涵盖了 65% 的被试者，另有 35% 的被试者不能简单地划归到上述任何一种气质类型中去。他们往往兼具上述两种或三种气质类型的特点，其情绪、行为倾向性和个人特点不明显，属于上述类型的中间型或过渡型。

二、学前儿童气质的稳定性与变化

在人的各种个性心理特征中，气质是最早出现的，也是变化最缓慢的。因为气质和学前儿童的生理特点关系最直接。学前儿童出生时就已经具备一定的气质特点，并在整个学前期内保持相对稳定。

学前儿童的气质类型虽然具有相对稳定的特点，但并不是一成不变的，后天的生活环境与教育可以改变原来的气质类型。

有时，学前儿童的气质类型并没有发生变化，但因受环境、教育的影响而没有充分地表露，或改变了其表现形式，这在心理学上称为气质的掩蔽。气质的掩蔽现象也就是指一个人气质类型没有改变，但是形成了一种新的行为模式，表现出一种不同于原来类型的气质外貌。

气质无所谓好坏，但由于它影响到学前儿童的全部心理活动和行为，影响到父母等人对待学前儿童的方式，如果不加以重视，将会成为形成不良个性的因素。

第五节 学前儿童性格的形成

一、性格的概念

性格是人对现实的态度和惯常的行为方式中比较稳定的心理特征。

扫一扫9-4 学前
儿童性格的发展

（一）性格的特点

1. 对现实稳定的态度

在日常生活中，人们对待周围的人与事的态度是各式各样的。例如，有的人待人热情，善于关心别人；有的人冷漠，私心很重，只顾自己；有的人勤劳；有的人懒惰。上述这种一个人经常表现出的，对人、对己及对事物的态度方面的差异是人的性格的一个主要方面。

2. 惯常的行为方式

所谓惯常的行为方式就是区别于一时的、偶然的行为方式。如某人勇敢、坚强，只是在一个偶然的场合表现出胆怯的行为，我们不能据此就说他有怯懦的性格特征。

稳定的态度和惯常的行为方式是统一的。人对现实的态度决定其行为方式，而惯常的行为方式又体现着人对现实的态度。

（二）性格的结构

性格是一种十分复杂的心理结构，由很多方面的特征所构成，主要有以下4个方面。

1. 对现实的态度

对现实的态度是一个人性格特征的重要组成部分。人受现实生活的影响，以一定的态度反映现实生活。现实的对象是多种多样的，人对现实的态度也是多种多样的。现实生活对人的多方面的影响，则形成人对现实生活的态度体系。这种态度体系即构成人对现实的性格特征，主要是指如何处理社会各方面关系的性格特征，包括对人、对事、对己、对集体、对劳动、对工作的态度等诸方面。例如：对人是热情、诚恳，还是冷淡、虚伪；对自己是自信，还是自卑；对集体是热爱、关心，还是熟视无睹、漠不关心；对工作是积极负责、富有创造性，还是消极回避、墨守成规，等等。这些都属于人对现实的态度的性格特征。

2. 性格的意志特征

人对自己的行动自觉调节的方式和水平，成为性格特征的另一组成部分。自觉地调节自己的行为的心理过程是意志过程，与此相应的性格特征称为性格的意志特征。它突出表现在意志力的自觉性、自制力、坚持性等品质上，如：是独立、不盲从，还是依赖、易受暗示；是自制、守纪律，还是任性、好冲动；是坚毅、顽强，还是懦弱、胆怯；是果断、勇敢，还是优柔寡断、胆小怕事，等等。

3. 性格的情绪特征

人的情绪活动对其他活动的影响，或者人对情绪的有意识控制的特点，也是性格特征的另一个组成部分，称为性格的情绪特征。性格的情绪特征可以分为情绪活动的强度、稳定性、持久性及主导心境 4 个方面。例如，有的人情绪活动强烈、深沉，有的人情绪活动微弱、短暂；有的人情绪容易激动，起伏，有的人情绪比较稳定，很少起伏、波动；有的人经常是活泼、愉快的，有的人则整天忧郁低沉，等等。

4. 性格的理智特征

人们在感觉和知觉、记忆、想象、思维等认知方面是有着明显的个体差异，这些差异也就是性格的理智特征。例如，在感觉和知觉方面，有的人属于主动感觉和知觉型：在感觉和知觉事物时，能根据自己的任务和兴趣来判断，而不易为环境刺激所干扰。有的人属被动感觉和知觉型：在感觉和知觉事物时，明显地易受环境刺激的影响。有的人特别注意事物的细节，观察详细、全面，有的人则更多注意事物的整体，概括性较强。有的人敏锐精细，有的人则迟缓、马虎。在思维方面，有的人敢思敢想，善于独立地提出问题；而有的人则盲从权威，喜好利用现成答案。以上这些都是性格特征在认知方面的体现。

可见，性格是个非常复杂的综合体，它包含着多个侧面，包含着多种多样的特征。它们的有机统一，就构成了性格。同时各种各样的性格特征，彼此之间存在着密切的内在联系。例如对工作、学习认真负责的人，在性格的意志特征方面往往表现出较好的坚持性、自制力，在性格的理智特征方面往往表现出更多的主动观察、善于思考的特点。所以，在分析性格的特点时，我们必须把性格的诸方面特征联系起来加以考察。

（三）性格的分类

划分标准不同，性格的分类就不同。

1. 按内外向划分

外向型：感情外露，不拘小节，勇于进取，适应环境快，但有时轻率。

内向型：深沉老练，处事谨慎，深思熟虑，交际面窄，灵活性差。

2. 按独立性划分

独立型：有主见，不易受外来因素干扰，有坚定的信念，独立判断事物，能独立思考和解决问题。

顺从型：缺乏主见，易受他人意见左右，依赖性强，易与人相处。

3. 按功能划分

A 型性格：为取得成绩而不断奋斗，有竞争性，不耐烦，有时间紧迫感，表现出过度的敌意和过于旺盛的精力，对人、对己、对工作有过高要求。

B 型性格：按部就班，从不加班加点，将生活看成是享受而不是战斗。

C 型性格：逆来顺受，忍气吞声。

二、学前儿童性格萌芽的表现

学前儿童的性格是他们在先天气质类型的基础上，在与身边人的互动中逐渐形成的。学前儿童性格的最初表现是在婴儿期。到了两三岁左右，学前儿童出现了性格方面的显著差异，主要表现在以下几方面。

（一）合群性

在学前儿童与伙伴的关系上，可以看出明显的区别。如有的孩子比较随和，富于同情心，看到小伙伴哭了会主动上前安慰，发生争执时较容易让步。而另外一些孩子则存在明显的攻击行为。

（二）独立性

学前儿童独立性的表现在 2～3 岁时变得比较明显。独立性强的孩子可以独立做很多事情，而有些孩子离不开妈妈，表现出很强的依赖性。

（三）自制力

到了 3 岁左右，在正确的教育下，有些学前儿童已经掌握了初步的行为规范，并学会了自我控制，如不随便要东西，不抢别人的玩具。而有些学前儿童则不能控制自己，当要求得不到满足时，就以哭闹为手段要挟父母。

（四）活动性

有的学前儿童活泼好动，对任何事物都表现出很强的兴趣，且精力充沛；而有的学前儿童好静，喜欢做安静的游戏，一个人看书或看电视等。

学前儿童性格的差异还表现在坚持性、好奇心及情绪等方面。在正常的教育条件下（没有大的环境变化），这些萌芽将逐渐成为学前儿童稳定的个人特点。

三、学前儿童性格的特征

上幼儿园以后，在原有性格差异的基础上，学前儿童性格差异更加明显，性格特征越来越趋向于稳定。但总的来说，学前儿童的性格发展相对于上小学的儿童更具有明显的受情境制约的特点，家庭教育、幼儿园教育对学前儿童的性格发展有着至关重要的影响。同时，学前儿童的性格具有很大的可塑性，其行为也容易被改造。

在学前儿童性格差异日益明显的同时，学前儿童性格的特征也越来越明显，具体表现在以下几方面。

（一）活泼好动

活泼好动是学前儿童的天性，也是学前儿童性格的最明显特征之一。

（二）喜欢交往

学前儿童进入幼儿园后，在行为方面最明显的特征之一是喜欢和同龄或年龄相近的小伙伴交往。

（三）好奇、好问

学前儿童有着强烈的好奇心和求知欲，主要表现在探索行为和对事物的好奇、好问。

（四）模仿性强

模仿性强是学前儿童的典型特点，小班幼儿表现得尤为突出。学期儿童模仿的对象可以是成人，也可以是同龄伙伴。对成人的模仿更多地是对教师或父母行为的模仿，这是由于这些人是学前儿童心目中的"偶像"。

（五）易冲动

学前儿童性格在情绪方面的主要表现是情绪不稳定，易冲动。

四、学前期是学前儿童性格的初步形成期

性格的发展是具有连续性的，后期的发展离不开早期发展的影响，这是人们的普遍共识。学前期是学前儿童性格的初步形成期，在此时期形成的性格特点是他们日后性格发展的基础。同时，也不能否认，在外界环境和教育的影响下，学前儿童的性格可能发生变化。

学前儿童性格的初步形成主要表现在以下几方面。

首先，性格已经表现出明显的个体差异，这种差异表现在学前儿童行为的各方面，使学前儿童在不同场合、不同方面都显示出较强的一致性。观察学前儿童日常行为就可以发现他们的典型特点。

其次，性格是一种多侧面的结构，学前儿童性格的初步形成是针对那些较低级的性格因素而言的，而那些对于人的性格有决定性影响或成为性格主要特征的高层次因素还远未形成。

最后，学前儿童性格的发展具有明显受情境制约的特点，学前儿童的行为直接反映外界环境的影响。

第六节　学前儿童能力的发展

一、能力及其结构

能力是指人们成功地完成某种活动所必须具备的个性心理特征。如我们评价一个人，经常

说某人具有较强的语言表达能力、敏锐的观察力或交往能力等。这些能力都是通过人的活动体现出来的。反之，这些能力又是人成功地完成某种活动的必备条件。

（一）能力的特征

1. 能力和活动密切联系

一方面，能力在人的活动中形成和发展，并在活动中表现出来。另一方面，能力是活动的前提，缺乏能力不仅影响活动效率，而且使人不能顺利完成任务。所以二者是相辅相成的关系。

2. 能力直接影响活动效率

气质和性格虽然也表现在活动中，并对活动有直接影响，但不直接影响活动效率，不直接决定活动的完成与否。而能力直接影响活动的效率。

3. 完成一种活动需要多种能力的结合

多种能力的独特结合，称为才能，如美术才能、音乐才能、教学才能等。教学才能主要包括了言语表达能力、逻辑分析能力、对教材的把握和组织能力、对教学过程的组织能力及教育机智等。

（二）能力的结构

心理学家从不同的角度将能力划分为 3 大类。

1. 一般能力和特殊能力

一般能力指大多数活动所需要的能力。一般能力以抽象概括能力为核心。

特殊能力指某项专门活动所必需的能力，又称为专门能力。它只在特殊领域内发挥作用，是完成有关活动不可缺少的能力。

一般能力和特殊能力一起发挥作用。完成一种活动通常都需要二者的共同参与。

2. 模仿能力和创造能力

模仿能力是指仿效他人举止行为而引起的与之相类似活动的能力。

创造能力是指产生新思想，发现和创造新事物的能力，如科学发现、文学创作等。这些更需要创造能力的参与。

模仿能力和创造能力是互相联系的。创造能力是在模仿能力的基础上发展起来的。但就其独特性而言，模仿是学习的基础，创造则是人成功地完成任务及适应不断变化的新环境的必备条件。

3. 认识能力、操作能力和社交能力

认识能力就是学习、研究、理解、概括和分析的能力。

操作能力就是操纵、制作和运动的能力，如平常所说的动手能力、体育运动能力等。

社交能力即人们在社会交往活动中所表现出来的能力，如组织管理能力、语言感染能力等。

二、学前儿童能力发展的特点

（一）多种能力的显现与发展

1. 操作能力的最早表现

从 1 岁开始，学前儿童操作物体的能力逐步发展起来，开始进行各种游戏活动。同时，学前儿童走、跑、跳等能力逐渐完善。之后，各种游戏在他们一日生活中逐渐占据主要地位，学前儿童的操作能力在活动中逐渐发展。

2. 言语能力在婴儿期发展迅速

学前儿童的言语能力是在婴儿时期开始发展起来的。从 1 岁左右开始，短短的两三年时间里，学前儿童的言语经历了非常迅速的发展变化，学前儿童的言语开始具有了称谓、概括及调节的功能。进入幼儿园后，学前儿童的言语表达能力逐渐增强，特别是言语的连贯性、完整性和逻辑性迅速发展为学前儿童的学习和交往创造了良好的条件。

3. 模仿能力迅速发展

学前儿童模仿能力的发展是随着延迟模仿一起发展起来的，延迟模仿发生在 18 ～ 24 个月。学前儿童的延迟模仿既可以发生在言语方面，也可以发生在动作方面。模仿能力的发展对学前儿童心理的发展具有重要的意义。

4. 认知能力迅速发展

从出生到学前末期，我们可以看到学前儿童的认知能力迅速发展的过程。学前儿童出生时只具备基本的感觉和知觉能力，随着年龄的增长，各种认知能力逐渐发生、发展。尤其到了上幼儿园的时期，学前儿童的各种认知能力都迅速发展起来，逐渐向比较高级的心理水平发展，认识活动的有意性也开始发展起来，从而为他们的学习、个性发展提供了必要的前提。

5. 特殊能力有所表现

在学前期，学前儿童的一些特殊才能已经开始有所表现，如音乐、绘画、体育、数学、语言等。

6. 创造能力开始萌芽

学前儿童的创造能力发展较晚，到学前晚期出现了创造力的萌芽。这种创造能力明显地表现在学前儿童的绘画作品中。

（二）智力结构随年龄增长而变化

学前儿童智力结构是随着年龄的增长而变化发展的，其发展趋势是越来越复杂化、复合化和抽象化，不同的智力因素有各自迅速发展的年龄段。这

扫一扫9-5 学前儿童智力的发展

就提醒我们，要根据不同年龄段学前儿童心理的这些特点，对学前儿童智力培养的内容应有所侧重。总的来说，幼儿教师或家长应该特别重视学前儿童观察力、注意力及创造力的培养。

（三）出现了主导能力的萌芽，开始出现比较明显的类型差异

学前儿童已经出现了主导能力的差异。主导能力也称优势能力。在幼儿园的教育工作中，教师应该特别注意分析不同学前儿童的能力特点，发挥其主导能力，并加强对他们较弱能力的培养。

（四）智力发展迅速

本杰明·布鲁姆搜集了 20 世纪前半期多种对儿童智力发展的纵向追踪材料和系统测验的数据，并进行了分析和总结，发现儿童智力发展有一定的规律。

布鲁姆以 17 岁为发展的最高点，假定其智力为 100%，得出了各年龄段儿童智力发展的百分比：1 岁智力为 20%，4 岁智力为 50%，8 岁智力为 80%，13 岁智力为 92%，17 岁智力为 100%。

上述数字说明，出生后头 4 年儿童的智力发展最快，已经发展了 50%，获得了成熟智力的一半；4～8 岁，即出生后的第二个 4 年，发展 30%，其速度比头 4 年显然要缓慢，以后速度更慢。

布鲁姆提出的只是一个理论的假设，但关于学前期是儿童智力发展关键时期的观点已经被许多心理学家所认可。7 岁前儿童脑发育的研究，也证明了学前期是儿童智力发展的关键时期。

第七节　注重学前儿童的个性心理特征

一、学前儿童个性心理特征的早期表现与教育教学活动的组织

（一）根据学前儿童的气质类型进行教育

研究学前儿童气质的意义在于：第一，使成人自觉地正确对待学前儿童的气质特点；第二，针对学前儿童的气质特点进行培养和教育。

首先，成人对学前儿童的抚养和教育措施，必须充分考虑到每个学前儿童的气质特点。例如：对于正在向电源插座里塞东西的学前儿童，如果是适应能力强的，父母向他讲清楚道理就可以了；而对于一个固执的学前儿童，父母就得想办法转移他的注意力，才能使他摆脱危险。

其次，要善于理解不同气质类型学前儿童的不足之处。虽然气质无好坏之分，但每种气质类型都有其积极和不足的一面，让学前儿童充分展现积极的方面，对不足之处要给予理解，并采取适当方法对待。

最后，要巧妙地利用不同气质类型学前儿童的心理特点因势利导。对于胆汁质学前儿童：训练其自制力，不大声训斥，抑制其急躁情绪；对于多血质学前儿童：表扬适度，批评要说出具体内容，可以让其担任班干部；对于黏液质学前儿童：让其参加集体活动，提供发言机会；对于抑郁质学前儿童：多鼓励、少批评，为其找个伙伴，安排具体工作，不让其看刺激的画面。

（二）妥善处理学前儿童情感的冲动

学前儿童情感非常容易受外界情景的影响，也非常容易冲动。在日常生活中，我们常常可以看到学前儿童由于某件小事而使得情绪处于激动状态。比如，为争一块积木，两个学前儿童会吵得面红耳赤；游戏时，一个学前儿童不小心碰倒另一个学前儿童搭的"楼房"，后者就会紧紧地抓住前者的衣服，气得说不出话来。

当情绪处于激动状态时，学前儿童完全不能控制自己，甚至完全听不见成人对他说什么，而且在短时间内不能平静。我们应该采取什么样的措施积极预防学前儿童产生情绪冲动？当学前儿童情绪处于激动状态时，又该怎样使他们尽快平静下来呢？

首先，教师要组织好学前儿童的生活和活动，使幼儿园的一日生活内容丰富、形式多样，让学前儿童的情绪愉快、舒畅，努力避免由于生活单调引起学前儿童的消极情绪。

其次，教师对学前儿童要有严、有爱，要以亲切、和蔼而又认真严肃的态度对待他们。教师应该既细心照料学前儿童的生活，尽量满足他们的合理要求，又要培养他们团结互助，使学前儿童处于愉快、欢乐、互相关爱的集体之中，经常保持积极愉快的情绪。

最后，教师要提高学前儿童的道德认识，使学前儿童明辨是非，通晓事理，并对学前儿童提出一定的规则要求，锻炼学前儿童的自制力。当学前儿童有了一定的是非观念和自我抑制力以后，即使碰到可能引起情感冲动的刺激，也能使自己的行为服从理智的控制，从而避免或减少情绪冲动的发生。

（三）根据学前儿童的性格特征积极引导

性格对气质有制约作用，性格会在一定程度上掩盖或改造某些气质特点。

据一些学者推算，我国目前约有 30 万～ 50 万儿童患有孤独症，或性情孤僻。父母应学会观察并发现孩子的异常表现，及早采取措施，纠正孩子的性格缺陷。

另外，心理学家的试验结果表明，运动刺激对儿童心理发展是很重要的。因此，对于性格孤僻、不合群的学前儿童，要多让他与其他学前儿童一起锻炼，一起做游戏，共同活动以培养学前儿童热爱集体的良好性格。

一个学前儿童的性格是文静还是活泼具有很大程度上的先天性。环境虽然可以使之在一定程度上发生某种变化，但本性的改变是很困难的。然而，成人根据学前儿童的性格特点进行适当引导还是必要的。

文静型的学前儿童感情细腻、含蓄、深刻、敏感，观察仔细，有较强的忍耐性，较少冲动。

但这种性格的学前儿童不善于主动表达自己的想法，因此不善与人交往，自我封闭性较强，独立性差。对待这类孩子，一要多鼓励，并创造机会让他们大胆表达自己的想法；二是要鼓励他们参与竞争，并努力取得好成绩，以增强信心；三是有意识地为他们提供更多的与人接触的机会，学会友好相处。

活泼型的学前儿童性情直爽，精力旺盛。他们往往较大胆，敢作敢为，但自我控制能力较差，容易冲动。对待这类学前儿童，一要引导他们不要时时以自我为中心，要有尊重他人的合作精神；二是教育他们凡事三思而行，切不可冒失行动。

总之，任何一种性格都有其闪光之处，只要教师或家长帮助学前儿童发挥自身优势，改进不足之处，那么，不论是什么性格的学前儿童，都能得到他人的认同。

二、学前儿童良好个性心理特征的培养

对学前儿童进行社会性发展教育，不仅是学前儿童个人生存发展的需要，也是社会发展的需要。学前期是个体社会化发展的重要时期。学前儿童在这段时间的经历和体验，以及在此基础上的社会性发展状况，将影响其一生。

学前儿童社会性发展涉及的内容十分广泛。我们结合幼儿园的实际情况，借鉴已有的研究成果，从以下几个方面构建教育内容。

1. 建立良好的动机系统

把激发学前儿童做个好孩子、长大做合格的社会成员、成为对社会有贡献的人的愿望，作为贯穿教育活动始终的一条主线，抓好学前儿童积极、长远、亲社会动机系统的培养工作。

2. 奠定集体主义与自我发展的良好基础

学前儿童正处于自我中心阶段。抓好集体主义启蒙教育工作，使学前儿童初步掌握集体中的行为规范，懂得个人利益与集体利益关系中一些浅显的道理，初步养成不影响他人、不给集体惹麻烦、爱护集体荣誉的好品质，不仅有利于提高他们的社会适应性，而且有助于发展他们的责任心、义务感。

自我主要指自己对自己的认识、评价和控制。发展自我就是让学前儿童在成人的指导下，在与周围人的交往活动中，逐渐认识到自我的存在，认识到自己的生理特征和主体力量，认识到人与人、人与物关系及自己在集体中的地位与作用等。这是学前儿童的自尊心、自信心、进取心及一切积极个性特征形成的基础。从某种意义上讲,社会性发展的目标就是形成完整的自我。

3. 确立独立性、坚持性、人际交往三个培养重点

独立性、坚持性、人际交往能力是现代人心理素质中最重要的特征。

4. 养成学习习惯、劳动习惯、生活卫生习惯、文明行为习惯

良好行为习惯的养成是一项长期、系统的工作，需要幼儿园、家庭、社会三方形成合力，

通过多种形式的活动，使学前儿童潜移默化地受到教育，并在不知不觉中纠正自己的不良行为习惯。

综上所述，学前儿童社会性发展的指导是以动机系统的自我调节为轴心，以两个基础、三个重点、四个习惯为内容，按知、情、意、行 4 个环节运转着。这种结构具有整体性、转换性、协调性及相对稳定性等特征。在教育实践中应着眼于学前儿童心理的整体发展。

【实践与探究】

1. 如何处理孩子偷东西的行为

偷东西指占有明确不属于自己的东西。我们要让孩子知道，不经物主同意就拿走物品是错误的行为。

小偷小摸行为在儿童早期并不罕见，并于 5～8 岁时达到高峰，然后逐渐减少或消失。偷窃最使孩子的父母担忧，如果从小偷窃，发展下去是危险的。但由于孩子幼小，他们往往认识不清其严重后果，这就需要家长从严要求，及早发现，坚决制止。幸好儿童的偷窃行为是有办法纠正的，但是如果这种行为持续到 10 岁以后，就必须求助于有关的心理卫生专家纠正了。父母和教师应该注意以下几个方面。

（1）研究孩子偷窃的原因。只有找出原因，因势利导，采取最恰当的方法和手段，才能予以纠正。

① 经济原因：别人家的孩子去买糖果或去看电影，而自家的孩子没有钱。解决的办法是尽量提供必要的物质保证及适当的零用钱，或把孩子的兴趣转移到你经济条件允许的事情上来。

② 心理因素：有些孩子偷窃是为了填补失去父母关心和疼爱的空虚。所以父母要注意多给孩子一些爱护和关心，多陪孩子并努力了解他们。

③ 不成熟行为：孩子尚未形成正确的道德观念。他们倾向于利己主义，以自我为中心，希望自己的任何要求都立刻得到满足。他们做事没有计划，不顾后果，不懂得私有权，也弄不清借与偷的区别，甚至拿了别人的东西还认识不到错误。这在独生子女中尤为突出。解决的办法是讲清其行为的后果，进而培养正确的道德观念。

④ 寻求冒险和刺激：有些孩子为了显示自己能干，为了冒险和刺激去偷窃。解决办法是为他们提供其他刺激活动，并能在活动中显示他们的能力、增强友谊、强化荣誉感等。

⑤ 不良教育：有些家长有偷窃的恶习。也有的家长虽然不偷窃，但对孩子的偷窃行为有潜在的愉快感受，因为孩子的行为满足了这些成人的某种反社会性心理。如对孩子的顺手牵羊行为不以为耻，久而久之便纵容了孩子的恶习。解决办法是父母必须改变错误的行为和处理态度。

（2）要使孩子勇于承认错误。正视错误是改掉偷窃行为的前提。发现问题并及时将物品归还物主，同时要致歉或赔偿，不要让孩子将错就错或存在侥幸心理。

（3）多用心关注孩子的日常生活。父母应把孩子的偷窃行为扼杀在萌芽阶段，不能放任不管。孩子物品中出现不属于自己的东西时，一定要追查清楚，并教育、鼓励孩子将物品归还原主；同时要为孩子提供他所需要的物品。

（4）不遗留任何可能诱发偷窃的物品和时机。父母不要随便乱放零钱、钱包；去别人家，临走时提醒孩子把玩过的东西放下再走。

（5）家长要克制态度并正确引导。当孩子真的有偷窃行为时，家长也不应过于愤怒、失望和吃惊，不要随便夸大事实，更不要随便给孩子贴上"小偷"的标签。要正确引导和说服孩子，帮助他杜绝偷窃的行为。

2. 幼儿为什么会"人来疯"

在幼儿园，我们经常可以看到这样的情景：某班幼儿平时很遵守纪律，但当有人来检查常规时，一个个就浮躁起来了——有的追逐打闹，有的用水撩人，有的互相扮鬼脸、装怪相。老师急得脸红、冒汗，一会儿暗示这个"安静"，一会儿批评那个"别吵"，而孩子们却好像故意气老师，闹得更厉害了。

又如，某班幼儿正聚精会神地听老师讲故事，鸦雀无声。忽然，门"吱"的一声被推开了，园长带着四五位外国朋友进来。幼儿的注意力立即转向客人。开始，有一个幼儿轻轻说话，紧接着，有三四个幼儿跟着说。不一会儿，全班幼儿莫名其妙地都说上了，有坐着说的，有趴在桌上说的，也有跑到邻桌上去说的。课上不下去了。但客人一走，幼儿们好像也说完了，又平静了下来。

幼儿这种由于来了客人而兴奋的现象，通常称为"人来疯"。不少老师认为这是幼儿淘气、捣乱、不听话，就狠狠批评、斥责他们，甚至惩罚一下。其实，幼儿的"人来疯"，在很多情况下，是因为他们的情感受到外界事物影响而过度兴奋，又不能像成人一样很好地加以抑制的缘故，并非幼儿有意和老师为难，不听老师的话。

我们知道，幼儿的自制力较差，心理过程都容易受外界情景的影响，带有很大的情景性，情感也是如此。幼儿的情感常常是由外界刺激的出现而直接引起的，又随着外界刺激的变化而变化。比如，看见一个新玩具，他们会情不自禁地想去摸一摸，但这个新玩具被拿走了，换了一个上边有小猫头的新闹钟，小猫的眼睛一睁一闭，他们又立刻被吸引了。再如，刚入园的幼儿看见妈妈和他告别，往往会伤心地哭，但妈妈走了，老师给他块糖吃，引导他和小朋友一起玩，很快他就会忘记了刚才的情景。这些都表明了幼儿情感的最大特点：易受外界事物影响，多变，不稳定。

由于幼儿情感很容易受外界情景的支配，因此，当班上来了许多客人参观、观摩时，幼儿往往容易兴奋、激动起来，不能抑制，并且幼儿间互相影响，很快，这种兴奋情绪就弥漫全班。这时，老师如果再紧张、慌乱，又给孩子以消极影响，幼儿就越来越

"疯"了。

针对幼儿发生"人来疯"现象的原因，我们可以从以下几方面努力，以预防、减少这种现象的发生。

（1）培养幼儿的自制力，使幼儿学会自己管住自己。要使幼儿懂得玩时应该好好玩，上课时应该认真听讲，不能随便和别人说话，也不能互相逗着玩，不管什么时候，不遵守纪律的现象都是不允许存在的，并要求幼儿以此来控制、调节自己的情感和行为。

（2）来人参观、检查时，教师要始终保持镇静、稳定的情绪，不紧张，不忙乱，以自己积极、稳定的情绪影响和感染幼儿。

（3）对"人来疯"的幼儿，教师要分清原因，区别对待：对故意乘机带头起哄的幼儿，要适当进行批评；但对平时遵守纪律，来客人时偶尔跟着"疯"的幼儿，则要耐心教育，帮助他们明辨是非，进一步要求他们在来客人时也能自觉遵守纪律。

（4）培养骨干，以点带面。教师可以在全班培养几个威信较高、稳当踏实的孩子，作为大家效仿的榜样。这样，一开始几个幼儿比较稳，渐渐地在他们的影响下，就会有更多的幼儿能管住自己。即使有少数幼儿在来客人时情绪浮躁，但也不至于波及全班了。

【本章小结】

学前期是个性开始形成的时期。学习本章应重点掌握学前儿童心理活动整体性的形成，心理活动倾向性的形成，心理活动稳定性的增长，心理活动独特性的发展，自我意识的发展；还应重点掌握学前儿童自我意识的3种形式——自我认识、自我体验、自我调节；了解学前儿童气质、性格、能力的发展及特点。

【思考与练习】

一、名词解释

1. 个性

2. 自我意识

二、填空题

1. _____的成熟标志着个性的成熟。

2. 学前儿童自我意识的发展主要表现在 _____、_____ 及 _____ 的发展三方面。

3. 学前儿童自我体验发展最明显的特点是 _____。

三、单项选择题

1. 学前儿童自我评价能力的发展表现为（　　）。

　　A. 从独立的评价发展到依从成人的评价

B. 从对内在品质的评价向对外部行为表现的评价转化

C. 从简单、笼统的评价发展到较为具体的评价

D. 从初步客观性评价向主观情绪性评价发展

2. 学前儿童性格的萌芽最初表现在（　　　）。

A. 新生儿期　　　　　B. 儿童期

C. 幼儿期　　　　　　D. 婴儿期

3. 自我意识形成的主要标志是（　　　）。

A. 语言的发生　　　　B. 表象

C. 思维　　　　　　　D. "我"的掌握

4. 3～6岁学前儿童个性发展阶段的主要表现是（　　　）。

A. 先天气质差异　　　B. 个性特征萌芽

C. 个性初步形成　　　D. 个性基本定型

四、判断题

1. 学前期是个性初步形成的时期。（　　　）

2. 自我意识的成熟标志着个性的成熟。（　　　）

3. 自我意识是生来就有的。（　　　）

4. 自我意识的最初发生是在幼儿期。（　　　）

5. 学前儿童掌握代名词"我"是自我意识萌芽的最重要的标志。（　　　）

6. 自我意识的发展是以学前儿童动作的发展为前提的。（　　　）

7. 学前儿童容易接受暗示。（　　　）

8. 学前儿童能独立、全面、客观地评价自己。（　　　）

9. 日常生活中人与人的差别就是个性的表现。（　　　）

五、简答题

1. 学前儿童自我意识发展的特点。

2. 学前儿童性格的年龄特征。

第十章

学前儿童社会性的发展

【学习目标】

1. 理解社会性、依恋、攻击性行为、性别角色等相关概念
2. 掌握学前儿童人际关系和社会行为发展的特点和影响因素
3. 能初步评价学前儿童人际关系和社会行为发展的状况，并给出改进建议
4. 积极关注并促进儿童社会性的发展

【学习重点和难点】

重点：

1. 学前儿童依恋的发展
2. 学前儿童攻击性行为的特点

难点：

1. 学前儿童同伴交往的类型
2. 学前儿童攻击性行为的引导

【引入案例】

开学后不久，王老师发现班里有两个特殊的孩子。5岁的王硕长得身强体壮，他经常因为抢夺玩具和小朋友发生冲突，有时甚至对小朋友拳打脚踢，小朋友都躲着他，很不受小朋友欢迎。而静静是个体质较弱个子较小的女孩，她性格内向，胆小，不爱说话，不喜欢也不善于与人交往，孤独感较重，总没有小伙伴同她玩，她感到很难过。

案例中的王硕和静静都属于与同伴交往困难的学前儿童，他们为什么与同伴交往困难？我们该如何帮助他们？同伴交往是学前儿童社会性发展的重要内容，要了解具体情况，让我们一起学习本章内容吧。

第一节 学前儿童社会性发展概述

一、社会性和社会性的发展

社会性是指作为社会成员的个体为适应社会生活所表现出来的心理和行为特征。例如：学前儿童为加入同伴游戏而主动把玩具分享给别人。

扫一扫10-1 社会性发展

学前儿童社会性的发展是指学前儿童从一个自然人，逐步掌握社会的道德规范与社会行为技能，成长为一个社会人，逐步融入社会的过程。

新生儿只是一个具备人类生理结构的自然人，他们不认识生活中的任何人和事物，还不具备社会属性。学前儿童的社会性发展是在同外界社会环境相互作用的过程中逐渐实现的。当学前儿童开始对母亲微笑时，就开始了人际交往，他们的社会性行为也就表现出来了。随着年龄的增长，学前儿童的生活范围逐渐扩大，社会经验日益增多，他们要学习同父母、同伴及其他人进行交往，了解各种社会机构，并学习遵守各种社会规范。在这一过程中，他们的人际关系和社会行为逐步发展，直至转化成社会人。

【知识拓展】

个性和社会性的区别

个性强调的是独特性，是个人的行为方式，例如：小俊对青蛙特别感兴趣。

社会性强调的是普遍性，是人们在社会组织中符合社会规范的共性的行为方式。例如：同伴交往中要互帮互助、合作分享。

二、社会性发展对学前儿童发展的意义

社会性发展对学前儿童健康成长乃至未来的发展有重要作用，我们应注重发展学前儿童的

社会性，为学前儿童的未来发展奠定一个良好的基础。

（一）社会性发展是学前儿童健全发展的重要组成部分

培养身心健全的人是教育的最根本目标。以前人们过度关注学前儿童的智育、体育和美育，忽视学前儿童社会性发展。从现代教育的观念看，让学前儿童"学会做人"的社会性教育越来越受重视。

（二）学前儿童社会性发展是儿童未来发展的重要基础

学前儿童的社会性发展在人一生的社会性发展中，占有极其重要的地位。学前儿童社会性发展的好坏直接关系到学前儿童未来人格发展的方向和水平。学前期是学前儿童社会性发展的关键期，学前儿童的社会认知、社会情感、社会行为技能在学前期都会迅速发展，并开始显示出较为明显的个人特点。如有的学前儿童对人友好，受人喜欢；有的学前儿童任性、自私，不善于和人交往等。随着年龄的增长，这些特点会逐渐稳定，并形成相应的人格特征，从而对学前儿童以后的社会交往产生重要影响。因此，对处在可塑阶段的学前儿童进行良好的社会性教育显得尤为重要。

第二节　学前儿童社会性发展的内容

社会性的核心内容就是人际关系。学前儿童的人际关系主要包括两方面：一是学前儿童和成人的关系，主要指学前儿童和父母的关系（亲子关系），还有学前儿童和教师的关系；另一方面是学前儿童和同伴的关系。

一、亲子关系的发展

狭义的亲子关系是指学前儿童早期与父母的情感关系，即依恋；广义的亲子关系是指父母和子女的相互作用方式，即父母的教养态度与方式。早期的亲子关系是学前儿童建立同他人关系的基础。如在 1 ～ 3 岁期间离开父母由他人抚养的孩子，往往胆小，与同伴主动交往能力差。广义的亲子关系，直接影响儿童个性品质的形成。如：父母态度专制，孩子容易懦弱顺从；父母溺爱，则孩子容易任性。

扫一扫10-2　依恋

（一）依恋

为什么婴儿对母亲发出更多的微笑，对母亲咿呀学语，依偎、拥抱母亲？为什么婴儿喜欢与母亲在一起，接近母亲时就会感到非常舒适、愉快？在遇到陌生人和陌生环境而产生恐惧、焦虑时，为什么母亲的出现能使婴儿感到最大的安全、得到最大的抚慰？这些都是因为依恋。

1. 依恋的含义

广义：依恋是指个体对某一特定个体或群体的长久持续的情感联结。

狭义：依恋是婴幼儿与特定对象之间的感情连接，它发生在婴幼儿和经常与之接触并有密切关系的照顾者之间。在大多数情况下，依恋发生在母婴之间，所以又称母婴依恋。

2. 依恋的表现

婴幼儿将其多种积极的行为，如微笑、注视、依偎、拥抱、追随等都指向母亲；最希望与母亲在一起，在母亲身边感到安全；与母亲分离，就会寻找，会感到痛苦。

美国心理学家哈洛曾进行过一项依恋实验：哈洛将刚刚出生的小猴与母亲分离，进行人工喂养。在喂养小猴的房间中，有两个机械的"猴妈妈"：一只是一个金属框架，另一只则是在金属框架外面包裹上柔软的布（见图10-1）。哈洛在金属框架的猴妈妈身上放上喂食的奶瓶，而在柔软的猴妈妈身上没有放任何食物。如果"依恋"是由母亲提供了食物和温暖，那么小猴就应该学会对金属框架母亲的依恋。实验结果表明，当小猴对新刺激感到害怕时，它会去拥抱柔软的猴妈妈，而不是去拥抱提供食物的金属妈妈。实验发现，幼猴喜欢与布料猴妈妈在一起，对新刺激感到害怕时，会去拥抱布料妈妈。分离一年后重见会拥抱布料妈妈。对于幼猴而言，接触安慰在依恋关系的形成中比母猴提供乳汁的能力更重要。实验还发现，早年失去母子依恋的小猴，成年后会有抚养孩子的困难，它们难以与自己的孩子建立正常的依恋关系。

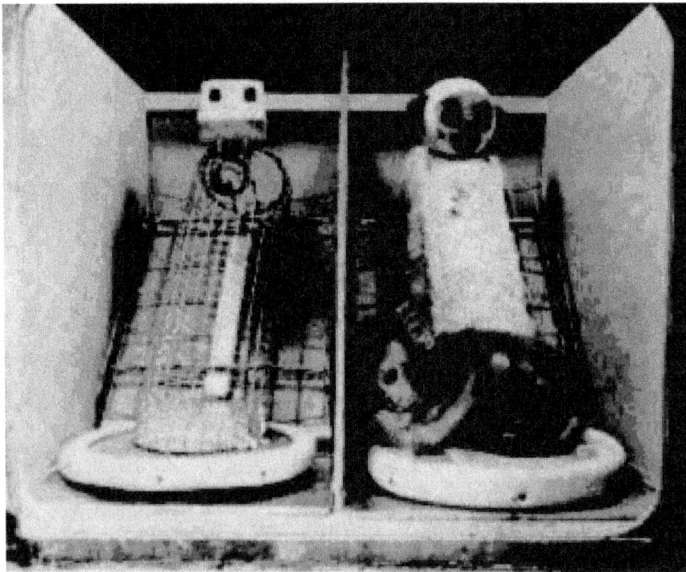

图10-1　恒河猴依恋实验

3. 依恋的发展阶段

第一阶段（出生至3个月）：无差别社会反应的阶段。这个阶段，婴儿对人的反应几乎都是一样的，他们喜欢所有的人，最喜欢注视人的脸，见到人的面孔或听到人的声音就会微笑。

第二阶段（3～6个月）：有差别社会反应阶段。这时期婴儿对他所熟悉的人的反应与对陌生人的反应有了区别。婴儿在熟悉的人面前表现出更多的微笑和咿咿呀呀，对陌生人的反应则明显减少。

第三阶段（6个月至3岁）：特殊情感联结阶段。婴儿从六七个月开始对依恋对象的存在表现出深深的关注，当依恋对象离开时会哭喊不让其离开，当依恋对象回来时会显得十分高兴。

4．依恋的类型

尽管所有婴儿都存在依恋行为，但表现却不尽相同。美国心理学家艾恩斯沃斯（Ainsworth，1973）把儿童依恋的类型分成3种：安全型依恋、回避型依恋和矛盾型依恋。

【知识拓展】

陌生情境实验

由美国心理学家艾恩斯沃斯等人设计的一种心理实验，用来研究婴儿在陌生的环境中与母亲分离后的行为和情绪表现。

艾恩斯沃斯设计的陌生人情境过程如下。

情境1：母亲和婴儿被带进儿童游戏室。

情境2：母亲和婴儿被单独留下探索游戏室的内容。

情境3：一个不熟悉的妇女加入他们。

情境4：母亲离开房间，陌生人试图和婴儿一起玩。

情境5：母亲返回，陌生人离开。

情境6：母亲离开，婴儿被单独留下。

情境7：陌生妇女返回。

情境8：母亲返回。

（1）安全型依恋。大部分婴儿能明显或安全地依恋母亲，称作安全型依恋。其表现为：母亲在场时，能安逸地玩弄玩具，对陌生人反应比较积极，并不总是偎依在母亲身旁。母亲离开时，探索行为受影响，明显表现出苦恼。母亲回来时，他们会立即寻求与母亲的接触，但很快又平静下来，继续游戏。

（2）回避型依恋。回避型依恋的婴儿极少对母亲不在身边表现出不安。母亲在不在场，对这类婴儿影响不大。母亲离开时他们并无特别紧张或忧虑的表现；母亲回来了，他们往往也不予理会。实际上，这类婴儿并未形成对人的依恋，也被称为"无依恋的婴儿"。这种类型婴儿通常较少。

（3）矛盾型依恋。这种类型的婴儿不管母亲在不在身边，经常表现出强烈的不安和哭闹，也被称作"焦虑型依恋"。母亲要离开前，他总显得很警惕，有点反应过度；母亲离开时，他会表现出极度反抗；母亲回来时，他会寻求与母亲接触但又反抗接触。例如：母亲一回来他会立刻要求抱他，刚被抱起来却又挣扎着要下来。

在这3种依恋类型中，安全型依恋是较好的依恋类型，它有助于婴儿积极地探索，这种依恋类型的婴儿具有更佳的社会适应能力和社会技能。依恋是在婴儿与母亲的相互交往和情感交流中逐渐形成的。可见，良好的教养可以促进良好的依恋。我们可以从反应性、情绪性和社会性刺激三个方面来衡量母亲的教养行为。反应性是指对婴儿发出的信号积极地应答；情绪性是指经常通过笑、说、爱抚积极地表达情感；社会性刺激是指通过模仿行为、丰富环境、调整自己的行动以适应婴儿的行为节律而不是把自己的习惯强加给婴儿，经常激励婴儿。

5. 培养良好的依恋

如何培养孩子的良好依恋呢？

首先，父母与孩子要保持经常的身体接触。父母要抱孩子，和孩子一起玩耍，同时保持愉快的情绪，高高兴兴地和孩子玩。

其次，父母要对孩子发出的信号敏感并及时做出反应。父母要关注孩子的行为和情绪，并及时做出合理反应。

再次，尽量避免父母与孩子长时间分离。研究表明，孩子与父母的长期分离会造成孩子的"分离焦虑"，从而影响孩子正常的心理发展。

（二）父母的教养态度和方式

父母的教养态度和方式通常分为3种类型：民主型、专制型和放任型。不同的父母教养态度和方式对学前儿童的影响是不同的。研究证明，民主型的教养态度和方式最有利于学前儿童个性的发展。

1. 民主型

民主型的父母对孩子是慈祥的、诚恳的，善于与孩子交流，尊重孩子的需要，同时对孩子有一定的控制，常对孩子提出明确而又合理的要求。父母与子女的关系融洽，孩子的独立性、主动性、自我控制、自信心等方面发展良好。

2. 专制型

专制型的父母给孩子的温暖、培养、理解较少。对孩子过多地干预，态度简单粗暴，不尊重孩子的需要，不允许孩子反对父母的决定和要求。这类家庭中培养的孩子或是变得顺从，缺乏生气，创造性受到压抑，不喜欢与同伴交往，忧虑退缩；或是变得以自我为中心和胆大妄为，在家长面前和背后言行不一。

3. 放任型

放任型的父母或是对孩子关怀过度，百依百顺，宠爱娇惯；或是不关心孩子，与孩子缺乏交流，忽视孩子的要求。这类家庭培养的孩子往往形成好吃懒做、生活自理能力差、蛮横胡闹、自私自利、害怕困难、缺乏独立性等不良品质。

如何养成民主型的教养态度和方式呢？首先，家庭要建立平等的代际关系。所有家长都应该和孩子形成平等关系（防止专制溺爱，尤其防止隔代亲），父母也要经常走进孩子的生活，关心孩子，了解孩子。父母还要小心把握和孩子对话的机会，在尊重孩子的基础上和孩子交流。其次，家长要做到慈严结合。父母要对孩子提出要求，并且这些要求是合理的（适合孩子）、明确具体的，不能模棱两可，而且一旦制订了规则就要严格执行。

二、师幼关系的发展

师幼关系，是指幼儿教师与幼儿在保教过程中形成的比较稳定的人际关系。师幼关系不但影响教育、教学活动的过程和效果，还会通过幼儿之间的情感交流和行为交往，对幼儿自我意识、情绪、情感等社会方面的发展产生重大影响。

（一）师幼关系的类型

师幼关系有多种类型，我国学者李红把师幼关系分为 3 种类型：亲密型、紧张型、淡漠型。

1. 亲密型师幼关系

这种关系下的教师对幼儿悉心照料，耐心教导，经常表扬、鼓励幼儿，与幼儿身体或目光接触较多，从而形成亲密融洽的师幼关系。教师常偏爱那些乖巧听话、遵规守纪、聪明伶俐、特长突出的幼儿，这样的幼儿常常优越感强。

2. 紧张型师幼关系

这种关系下的教师对行为习惯不良的幼儿不够耐心、态度生硬，从而造成师幼之间感情疏远，甚至紧张对立，形成紧张型师幼关系。有些教师习惯用批评和责备的方式去矫正幼儿的过错行为，而忽视情感上的交流。

3. 淡漠型师幼关系

我国教育界长期流行着"抓两头、带中间"的做法。教师的注意力主要集中在少数"尖子"和"后进"的幼儿身上，无意中忽略了对"中间"幼儿的关注，使之产生疏离感，进而形成淡漠型师幼关系。

2001 年国家颁布《幼儿园教育指导纲要（试行）》，明确指出："教师应成为学前儿童学习活动的支持者、合作者、引导者"。因此，应当建立民主、平等、和谐、合作、互动的师幼关系。

（二）良好师幼关系的建立

良好师幼关系建立的策略主要包括以下方面。

第一，幼儿教师要树立正确的教育观和儿童观。

幼儿教师要树立适合新时期幼儿成长且与幼儿心理相适应的新型教育观。因为，教师教育观念的变化一定会带来教育行为的变化。幼儿教师应该设身处地地体验并理解幼儿的所作所为，以真诚、友爱和关怀的态度对待每一名幼儿。

第二，教师对幼儿要持支持、尊重、接受的情感态度和行为。

教师在教育过程中要充分考虑幼儿身心发展及兴趣的需要，尊重幼儿人格的独立，保护他们的自尊心。教师应让幼儿根据自己的主观愿望和需要，用自己喜欢的方式，主动积极地参与活动，获取成功感。同时注意这种尊重和需要不是无原则地迁就和放任自流。

第三，教师对待幼儿应善于疏导而不是压制。

幼儿教师在日常的教学、游戏和交往互动中，注意体现幼儿真正的主体性、独立性和创造性。

第四，教师对幼儿要尽量使用多种适宜的身体语言动作。

教师对幼儿的观察领悟能力，对自身行为的反思能力都必须提高，教师还要对幼儿在活动中的兴趣与动作、与同伴的交往与合作进行观察和记录，及时调整自己的工作方式，采取适宜幼儿年龄特征及个性特征的身体语言，以促进师幼互动关系的健康发展。

三、同伴关系的发展

同伴关系是指年龄相同或相近的学前儿童之间的共同进行活动并相互协作的关系。同伴关系对学前儿童发展有重要影响。同伴交往可以满足学前儿童的归属感和爱的需要，可以促进其亲社会行为的发展，可以提升其的社会适应性和心理健康水平。

扫一扫10-3　同伴关系

（一）0～3岁婴幼儿的同伴交往

同伴之间的交往，最早可以在 6 个月婴儿身上看到。这时的婴儿可以相互触摸和观望。有人把 0～3 岁婴幼儿的交往分成 3 个阶段。

第一阶段：物体中心阶段。这个阶段的婴幼儿虽有相互作用，但大部分注意都指向玩具或物体，而不是指向其他婴幼儿。

第二阶段：简单相互作用阶段。这时的婴幼儿对同伴的行为能做出简单反应，并试图支配其他婴幼儿的行为。

第三阶段：互补的相互作用阶段。这个阶段的婴幼儿出现了一些更负责的社会互动行为，对他人行为的模仿更为常见，出现了互动的或互补的角色关系。

（二）3～6岁幼儿同伴交往的发展特点

3～6 岁幼儿之间绝大多数的社会交往是在游戏情境中发生的，主要体现在以下方面。

3 岁左右幼儿游戏中的交往主要是非社会性的，幼儿在游戏中各玩各的，彼此之间没有联系。

4 岁左右的幼儿，在玩游戏时彼此之间有一定联系。他们有时说笑、互借玩具，但这种联系是偶然的、没有组织的，彼此之间交往不密切。

5 岁以后，幼儿合作性游戏开始发展。幼儿游戏中社会性交往水平最高的是合作性游戏。在游戏中，幼儿分工合作，有共同的目的、计划，服从指挥，遵守共同的规则，互相协作，一起为玩好游戏而努力。

（三）同伴交往的主要类型

在同伴交往中，学前儿童各自的行为表现和特点有所不同，主要包括以下几种类型。

1. 受欢迎型学前儿童

此类型的学前儿童长相好，爱干净；性格外向，情绪愉快，喜欢交往；行为表现积极友好，消极行为很少；没有同伴与自己玩时会感到难过。

2. 被忽视型学前儿童

此类型的学前儿童体质弱，力气小，能力较差；积极行为和消极行为均较少；性格内向，好静，胆小，不爱说话，不爱交往；孤独感较强。

3. 被拒绝型学前儿童

此类型的学前儿童体质强，力气大；行为表现消极不友好，积极行为很少；性格外向，脾气暴躁，容易冲动；喜欢交往，但又不善于交往；对有没有同伴与自己玩不太在乎。

4. 一般学前儿童

以上各方面在一般学前儿童身上均有所表现。

在 4 种类型中，被忽视型和被拒绝型学前儿童属于交往困难的，教师应尽量提供帮助，使他们逐渐被同伴所接受。第一，要使他们了解受欢迎型学前儿童的性格特点及自身存在的问题，帮助他们学会与人相处。第二，要引导其他学前儿童发现这些学前儿童的长处，及时鼓励和表扬，提高这些学前儿童在同伴心目中的地位。第三，要通过有效的教育活动促进学前儿童交往，改善同伴关系。

四、学前儿童性别行为的发展

由于生理及社会因素的影响，男女之间确实存在一些性别特征差异。主要包括：①生理发展：女孩出生时身体和神经方面较发达，较早学会行走和达到青春期；男孩出生时肌肉发展较成熟，随着年龄的增长，男孩在需要力量和大动作技能的活动中占据优势。②认知发展：婴儿期，女孩在言语能力上占优势，这种优势在中学阶段显著增长；男孩从 10 岁开始在视觉空间能力上领先。③社会性和情绪发展：女孩对于父母的要求表现出更多的服从；男孩更多地成为攻击者和被攻击者，男孩对成人指导的反应更为多样化。

（一）性别行为的发展阶段

性别行为是男女学前儿童通过对性别长者的模仿而形成的自己这一性别所特有的行为方式。学前儿童性别行为的产生和发展经历了以下阶段。

1. 性别行为的产生（2岁左右）

2岁左右是学前儿童性别行为初步产生的时期，具体体现在学前儿童的活动兴趣、同伴选择及社会性发展等方面。例如：14～22个月的学前儿童中，通常男孩在所有玩具中更喜欢卡车和小汽车，女孩则更喜欢玩具娃娃或柔软的玩具。在性别偏好方面，2岁的女孩更喜欢和其他女孩玩，而不喜欢和吵吵闹闹的男孩玩。在社会性方面，女孩在2岁时对父母和其他成人的要求就有更多的遵从，而男孩对父母的要求和反应则更趋向多样化。

2. 性别行为的发展（3～6岁）

3岁以后，学前儿童的性别差异日益稳定、明显，具体体现在游戏兴趣、同伴选择和社会性等方面。例如：男孩更喜欢有汽车参与的运动性和竞赛性游戏，女孩则更喜欢过家家的角色游戏。研究发现，3岁的男孩就明显地倾向于选择男孩而不选择女孩作为伙伴。男孩之间有更多打闹，为玩具争斗；女孩则很少有身体上的接触，更多的是通过规则协调。有研究显示，3岁时女孩就对照看比她们小的婴儿感兴趣，4岁女孩在独立能力、自控能力、关心他人等方面优于男孩，6岁男孩的观察力、好奇心和情绪稳定性优于女孩。

（二）性别行为的影响因素

影响学前儿童性别行为的因素主要有生物因素、认知因素和社会性因素。

1. 生物因素

研究发现，在胎儿期雄性激素过多的女孩，在抚养过程中虽然按照女孩来养，但仍然具有很典型的假小子特征，她们更喜欢消耗较多精力的体育活动，不喜欢玩娃娃。生物因素构成了性别差异的早期基础，它还要与社会因素交互起作用。

2. 认知因素

获得性别概念对于性别行为的形成是很重要的。正常发展的学前儿童在获得性别角色和行为的过程中需要发展出性别同一性、性别稳定性和性别恒常性。性别同一性的表现如"男孩知道了他是个男孩，今天是，明天也是。"性别稳定性的表现如"他总是个男孩，他不再想着以后做个妈妈。"性别恒常性的表现为认识到外表和活动的表面变化并不改变性别，如"一个男孩留长发，喜欢做饭，但他还是男孩。"

3. 社会性因素

家长、教师、朋友甚至媒体等各种社会性因素都会影响学前儿童性别行为的发展。父母是孩子性别行为的引导者。例如，父母会根据孩子的性别对孩子的房间、玩具、衣服等进行布置和选择。父母的态度和行为直接引导孩子朝着符合自己性别行为的方向发展。家庭以外，其他成人和学前儿童同伴会以接纳或排斥等态度来对待学前儿童的性别化行为。电视、书籍等媒体也会向学前儿童呈现传统性别角色和行为模式。这些都会帮助学前儿童塑造符合其性别角色的行为模式。

（三）性别行为的教育和引导

一般来说，正确确认性别角色和相应的性别行为是学前儿童健康发展的一个重要方面。但随着时代发展，这种观念正在发生改变。有研究强调，应该从学前儿童早期就开始进行无性别歧视的学前儿童教育，而不过分强调性别差异。近年的研究也发现，过分区分两性的不同会妨碍学前儿童的智力和心理发展。因此，应适当淡化学前儿童的性别角色和性别行为。

具体淡化性别角色的教育方式可以参考以下建议。

（1）给学前儿童上课的既有女老师，也有男老师。

（2）积木区的玩具不但有汽车、动物，也有洋娃娃和家庭用具。

（3）鼓励男女学前儿童都使用登高设备。

（4）允许所有学前儿童都在外表上表露自己的情绪。

（5）教师一视同仁地（不考虑性别）对待吵架、发脾气的学前儿童。

（6）教师尊重和鼓励学前儿童独立和自信的行为。

五、学前儿童亲社会行为的发展

亲社会行为是学前儿童道德发展的核心问题。亲社会行为是指一个人帮助或打算帮助他人或群体的行为及倾向。亲社会行为主要包括分享、合作、谦让、援助等。亲社会行为的发展是学前儿童道德发展的核心问题，是学前儿童良好个性品德形成的基础。

（一）亲社会行为的发展阶段和特点

1. 亲社会行为的萌芽（2岁左右）

研究表明，2岁左右学前儿童的亲社会行为已经开始萌芽，例如：15～18个月的学前儿童有初步分享行为，把自己的玩具给别人看或送给别人，或拿出玩具参加群体的活动。

2. 亲社会行为迅速发展，并出现个体差异（3～6岁）

学前儿童亲社会行为发生频率最高的是合作行为（在合作性游戏中）。

学前儿童的亲社会行为表现出明显的个性差异。一项研究考察某学前儿童被另一个学前儿童欺负时，附近其他学前儿童对这一事件的反应。结果发现，毫无反应的学前儿童占7%；有17%的学前儿童直接去安慰大哭者；10%的学前儿童去寻找成人帮助；5%的学前儿童去威胁肇事者；12% 的学前儿童选择回避；其余的学前儿童表现出非同情性反应。这表明学前儿童的亲社会行为存在个体差异，也提示我们，学前儿童的亲社会行为的发展需要被适当地教育和引导。

（二）亲社会行为发展的影响因素

影响学前儿童亲社会行为的因素主要有社会生活环境和日常生活环境。

1. 社会生活环境

社会生活环境主要包括社会文化和传播媒介。例如：东方文化强调群体和谐，因而赞扬亲社会行为，这种文化使得亚洲国家重视并鼓励学前儿童亲社会行为的发展。电视是学前儿童学习社会行为的重要途径之一。实验表明，学前儿童观看亲社会节目不仅能懂得节目内容还能将其应用。

2. 日常生活环境

学前儿童的日常生活环境因素主要来源于家庭和同伴的互相作用。家庭是学前儿童亲社会行为的主要影响因素，主要表现在两个方面：一是榜样的作用，父母自身的亲社会行为是学前儿童模仿的榜样；二是父母教养方式的作用，民主型的教养方式有助于学前儿童亲社会行为的发展。同伴关系对学前儿童亲社会行为具有重要影响。

六、学前儿童攻击性行为的发展

攻击性行为是一种以伤害他人或他物为目的的行为。攻击性行为在学前儿童阶段，一般表现为打人、骂人、推人、踢人、抢别人的东西等。

（一）攻击性行为的起因

年龄较小的学前儿童较多因为物品和空间的争夺而产生攻击性行为。随着年龄增长，由报复、游戏规则、行为规范等问题引发的攻击越来越多。

扫一扫10-4 攻击性行为

（二）攻击性行为的方式

年龄较小的学前儿童更多采用身体攻击，随着年龄增长，学前儿童语言攻击的比率逐渐增多。

（三）攻击性行为的影响因素

攻击性行为的影响因素主要有：父母的惩罚、大众传播媒介、经验的积累和强化、遇到的挫折等。

1. 父母的惩罚

研究发现，攻击型男孩的父母对他们的惩罚更多，而且即使他们行为正确也经常受惩罚。

惩罚对非攻击性的学前儿童能抑制其攻击，对于攻击性的学前儿童非但不能抑制反而会加重其攻击行为。

2. 大众传播媒介

大众传播媒介（如电视）上的攻击性榜样会增加学前儿童以后的攻击性行为，学前儿童会从这些媒介的暴力情节中观察学习到各种具体的攻击性行为。

【知识拓展】

班杜拉攻击行为实验——"波比娃娃"

这项研究的被试由 36 名男孩和 36 名女孩组成，他们的年龄在 3～6 岁之间，平均年龄为 4 岁零 4 个月。

24 名儿童被安排在控制组，他们将不接触任何榜样。其余的 48 名被试先被分成两组：一组接触攻击性榜样，另一组接受非攻击性榜样。每个儿童分别接触不同的实验程序。首先，实验者把一名儿童带入一间活动室。在路上，实验者假装意外地遇到成人榜样，并邀请他过来"参加一个游戏"。儿童坐在房间的一角，面前的桌子上放有很多有趣的东西，有土豆印章和一些贴纸。这些贴纸颜色非常鲜艳，还印有动物和花卉，儿童可以把它们贴在一块贴板上。随后，成人榜样被带到房间另一角落的一张桌子前，桌子上有一套儿童拼图玩具，一根木槌和一个 1.5 米高的充气波比娃娃。实验者解释说这些玩具是给成人榜样玩的，然后便离开房间。

无论在攻击情境还是在非攻击情境中，榜样一开始都先装配拼图玩具。1 分钟后，攻击性榜样便开始用暴力击打波比娃娃。对于在攻击条件下的所有被试，榜样攻击行为的顺序是完全一致的："榜样把波比娃娃放在地上，然后坐在它身上，并且反复击打它的鼻子。随后榜样把波比娃娃竖起来，捡起木槌击打它的头部，然后猛地把它抛向空中，并在房间里踢来踢去。这一攻击行为按以上顺序重复 3 次，中间伴有攻击性语言，比如"打他的鼻子""打倒他""把他扔起来""踢他"。和两句没有攻击性的话："他还没受够""他真是个顽强的家伙"。这样的情况持续将近 10 分钟，然后实验者回到房间里，向榜样告别后，把儿童带到另一间活动室。

在无攻击行为的情境中，榜样只是认真地玩 10 分钟拼图玩具，完全不理波比娃娃。班杜拉和他的同事们努力确保除要研究的因素以外的所有实验因素对每一名被试都是一样的。

10 分钟的游戏以后，在各种情境中的所有被试都被带到另一个房间，那里有非常吸引人的玩具，如救火车模型、喷气式飞机、玩具车等。他们先让被试玩这些有吸引力的玩具，不久以后告诉他这些玩具是为其他儿童准备的，并告诉被试，他可以到另一个房间里去玩别的玩具。

在最后的实验房间内，有各种攻击性和非攻击性的玩具。攻击性玩具包括波比娃娃、一个木槌、两个投掷工具和一个上面有人脸的绳球。非攻击性玩具包括一套茶具、各种蜡笔和纸、一个球、两个娃娃、小汽车和小卡车，以及塑料动物。实验者允许每个被试在这个房间里玩20分钟。

实验结果发现，若被试看到榜样的攻击行为，他们也就倾向于模仿这种行为。男性被试每人平均有38.2次，女性被试平均有12.7次模仿了榜样的身体攻击行为。此外，男性被试平均17次、女性被试平均15.7次模仿了榜样的言语攻击行为。这些特定的身体和言语攻击行为，在无攻击行为榜样组和控制组几乎没有发现。

某些学前儿童的攻击性行为是在其与周围的人或物交互作用的过程中获得的，这一过程中他所获得的经验起着重要作用。如：学前儿童A攻击学前儿童B，抢他的东西，学前儿童B哭着躲开，学前儿童A得到了自己想要的东西，下一次就会继续采用攻击性行为来达到自己的目的。也就是说，被欺负者的退缩谦让，鼓励了攻击者的攻击性行为。而如果攻击者在首次采取攻击性行为时就被击败（攻击者不但没有获得好处，反而受到痛击），攻击者的攻击性行为就会明显减少。

3. 挫折

攻击行为产生的直接原因主要是挫折。挫折是人在活动过程中遇到障碍或干扰，使自己的目的不能够实现、需要不能够满足时的情绪状态。研究表明，一个受过挫折的学前儿童比一个心满意足的学前儿童更具有攻击性。

（四）攻击性行为的教育引导

1. 了解学前儿童攻击性行为产生的原因

学前儿童产生攻击性行为的原因是多方面的，教师或家长应首先深入了解其产生的内因和外因，然后进行针对性的教育和引导。

2. 尽量满足学前儿童合理的心理需要

成人要公正对待每个学前儿童，尽可能地关注和尊重每个学前儿童，让每个学前儿童都有成功和表现自我的机会；对学前儿童的期望要合理，不宜过高，过高的期望只会增加学前儿童的挫折感，增加其攻击性行为；尽量减少对学前儿童不适当的限制和控制，以减少其挫折感和内心压力，减少攻击性行为的产生。

3. 努力提供宣泄心理压力的合理形式和途径

学前儿童的攻击性行为宜"疏"不宜"堵"。要努力创造各种机会，让学前儿童宣泄内心的紧张情绪，以减少攻击性行为产生的可能性。如：教师可以组织学前儿童参加一些消耗能量的体育游戏；组织丰富多彩的艺术活动让学前儿童充分自我表现；多与学前儿童交流情感，耐心倾听他们的心声，允许并鼓励学前儿童表达自己的情感；教给学前儿童合理的表达和宣泄情绪的方式。

【本章小结】

社会性是指作为社会成员的个体为适应社会生活所学习和表现出来的心理和行为特征。社会性发展对学前儿童健康成长有重要作用，我们应注重发展学前儿童的社会性，为学前儿童的未来发展奠定良好的基础。

攻击性行为是一种以伤害他人或他物为目的的行为。攻击性行为在学前儿童阶段，一般表现为打人、骂人、推人、踢人、抢别人的东西等。攻击性行为产生的原因多种多样，教师或家长应针对性地教育和引导，帮助这部分学前儿童改善社会行为状况。

【思考与练习】

一、名词解释

1. 社会性发展

2. 依恋

3. 亲社会行为

二、填空题

1. _____ 的亲子关系最有益于学前儿童个性的良好发展。

2. 亲子关系的类型是 _____、_____、_____。

3. 广义的亲子关系指父母与子女的相互作用方式，即 _____。

4. 交往中的问题学前儿童有 _____ 和 _____ 两种。

5. _____ 是学前儿童道德发展的核心问题。

6. _____ 是指从他人角度来考虑问题。

7. 亲社会行为的倾向在学前儿童出生后 _____ 可以看到。

8. 攻击性行为的影响因素是 _____、_____、_____ 和 _____。

三、单项选择题

1. 母亲在场与不在场对儿童影响不大，属于（　　）依恋的儿童。

　　A. 反抗型　　　　　　B. 安全型

　　C. 回避型　　　　　　D. 放任型

2. （　　）依恋是较好的依恋类型。

　　A. 反抗型　　　　　　B. 安全型

　　C. 回避型　　　　　　D. 放任型

3. （　　），称为移情。

    A. 从他人角度来考虑问题

    B. 帮助他人或群体的行为及倾向

    C. 与同伴协同完成某一活动

    D. 与同伴发生冲突时能先满足对方

4. 儿童依恋发展的第三阶段是（   ）。

    A. 无差别的社会反应阶段

    B. 有差别的社会反应阶段

    C. 特殊情感连接阶段

    D. 普遍情感连接阶段

5. （   ）是学前儿童道德发展的核心问题。

    A. 亲子关系的发展

    B. 强化

    C. 亲社会行为的发展

    D. 社交技能的发展

6. 下面不属于影响学前儿童攻击性行为因素的是（   ）。

    A. 榜样   B. 强化   C. 移情   D. 挫折

7. （   ），学前儿童游戏中的交往主要是非社会性的，学前儿童以独自游戏或平行游戏为主。

    A. 3 岁左右   B. 4 岁左右

    C. 5 岁左右   D. 4.5 岁左右

四、判断题

1. 学前期是学前儿童社会性发展的重要时期。（   ）

2. 学前儿童社会性发展是孩子从一个自然人发展成为一个社会人的过程。（   ）

3. 良好的亲子关系是学前儿童健康发展的重要前提。（   ）

4. 六七个月的孩子认生是孩子胆子比较小的表现。（   ）

5. 不同的亲子关系对学前儿童的个性有不同的影响。（   ）

6. 亲社会行为是在移情的基础上，产生同情心而唤起的行为。（   ）

7. 对待攻击性强的孩子的最好办法就是惩罚。（   ）

五、论述题

1. 学前儿童依恋的阶段、类型以及如何培养学前儿童良好的依恋。

2. 试分析学前儿童攻击性行为的特点及影响因素。

3. （2016 年真题）影响学前儿童同伴交往的因素有哪些？

六、实例分析题

1.（2013 年真题）材料：齐齐是幼儿园的一个孩子，胆子很小，上课从来都不主动回答问题，老师点名让他回答，他就脸红，声音很小。他也不愿意和同伴交往，老师和同学让他一起来玩，他的头摇得跟拨浪鼓一样。

问题：（1）造成齐齐性格胆小的可能原因有哪些？

（2）你认为该怎样帮助齐齐？

2.（2014 年真题）材料：小虎精力旺盛爱打抱不平，做事急躁、马虎，爱指挥人，稍有不如意就大发脾气，动手打人，事后也后悔但难以克制情绪。

问题：（1）你认为小虎的气质属于什么类型？为什么？

（2）如果你是老师，你准备如何根据气质类型的特征实施教育？

七、实训

1. 实训目的

实训目的：测验学前儿童在班级中的同伴关系。

2. 实训步骤

（1）教师要求学前儿童从全班同学中挑出 3 个最喜欢的和 3 个最不喜欢的朋友，说明理由。教师指导语："请你告诉老师，你最喜欢哪 3 个小朋友，最不喜欢哪 3 个小朋友，为什么呢？"

（2）教师整理每个学前儿童被正选择（最喜欢）和被负选择（最不喜欢）的次数和理由，做出评判。

3. 评分标准

被正选择人次占 50% 以上：好；

被负选择人次占 50% 以上：差；

其他：中。

参考文献

[1] 钱峰, 汪乃铭. 学前心理学 (第 2 版) [M]. 上海：复旦大学出版社, 2012.

[2] 张永红. 学前儿童发展心理学 [M]. 北京：高等教育出版社, 2011.

[3] 周念丽. 学前儿童发展心理学 (第 3 版) [M]. 上海：华东师范大学出版社, 2014.

[4] 罗家英. 学前儿童发展心理学 (第 2 版) [M]. 北京：科学出版社, 2011.

[5] 陈帼眉, 冯晓霞, 庞丽娟. 学前儿童发展心理学 [M]. 北京：北京师范大学出版社, 2013.

[6] 桑特洛克 [美]. 儿童发展 (第 11 版) [M]. 桑标等, 译. 上海：上海人民出版社, 2009.

[7] 李燕. 学前儿童发展心理学 [M]. 上海：华东师范大学出版社, 2008.

[8] 刘金花. 儿童发展心理学 (第 3 版) [M]. 上海：华东师范大学出版社, 2013.

[9] 卢伟. 学前儿童语言教育活动指导 (第 3 版) [M]. 上海：复旦大学出版社, 2013.

[10] 姚敏. 20 个发展宝宝感觉和知觉觉的方法 (上) [J]. 启蒙 (0 ~ 3 岁), 2009 (09).

[11] 张明红. 学前儿童语言教育与活动指导 (第 3 版) [M]. 上海：华东师范大学出版社, 2014.

[12] 姚敏. 20 个发展宝宝感觉和知觉觉的方法 (下) [J]. 启蒙 (0 ~ 3 岁), 2009 (10).

[13] 刘长城, 张向东. 皮亚杰儿童认知发展理论及对当代教育的启示 [J]. 当代教育科学, 2003 (01).

[14] 张菁. 幼儿心理发展中情感教育的重要作用 [J]. 内蒙古教育, 2011 (20).

[15] 马玲燕. 影响学前儿童心理发展的家庭因素的调查研究 [J]. 教育实践与研究, 2014 (10).

[16] 陈柏静, 刘艺雯. 浅谈情绪情感在学前儿童心理发展中的作用 [J]. 中国校外教育, 2013 (29).

[17] 张继璐. 学前儿童攻击行为和父母心理控制的关系 [D]. 河北师范大学, 2015.

[18] 陈晨. 学前儿童社会性发展与父母教养方式关系研究 [D]. 西南大学, 2012.

[19] 张丽娜. 4 ~ 8 岁儿童气质、同伴关系与同伴冲突解决策略之间关系的研究 [D]. 辽宁师范大学, 2008.

[20] 翁晓鸣. 3 岁儿童气质发展特点与自主性相关研究 [D]. 辽宁师范大学, 2008.